HANNA DAVID

PERSÖNLICHKEITS —ANALYSE FÜR HUNDE

Extra: Mit großem
Big Five-Charaktertest

KOSMOS

INHALT

Mehr entdecken, mehr verstehen

DAS KOSMOS VERSPRECHEN

Expertenwissen seit 1822

Welches Thema dich auch begeistert – auf unsere Expertise kannst du dich verlassen. Und das schon seit über 200 Jahren.

Unser Anspruch ist es, dich mit wertvollem Rat zu begleiten, dich zu inspirieren und deinen Horizont zu erweitern.

BEGEISTERUNG DURCH KOMPETENZ

Unsere Autorinnen und Autoren vereinen professionelles Know-how mit großer Leidenschaft für ihre Themen.

WISSEN, DAS DICH WEITERBRINGT

Leicht verständlich, lebensnah und informativ für dich auf den Punkt gebracht.

SACHVERSTAND, DEN MAN SEHEN KANN

Mit aussagestarken Fotos, Zeichnungen und Grafiken werden Inhalte besonders anschaulich aufbereitet.

QUALITÄT FÜR HEUTE UND MORGEN

Dafür sorgen langlebige Verarbeitung und ressourcenschonende Produktion.

Du hast noch Fragen oder Anregungen?
Dann kontaktiere unsere Service-Hotline: 0711 35 29 30 70
Oder schreibe uns: kosmos.de/servicecenter

Zu diesem Buch

Wenn du dieses Buch in den Händen hältst, bin ich mir sicher, dass wir eine Leidenschaft teilen: Hunde. Und da dieses Buch eine ganz bestimmte Antwort bereithält, glaube ich, ich kenne deine Frage: Wer ist dieses wunderbare Wesen mit den vier Pfoten, das dich von seinem Körbchen aus beobachtet? Vielleicht ging es dir irgendwann mal wie mir und du hattest deine eigene Vorstellung von dem Zusammenleben mit deinem Hund. Du hast dir vorgestellt, was ihr alles zusammen unternehmt, hast vielleicht schon Pläne gemacht, welche Spiele oder Sportarten du mit deinem Hund ausprobieren möchtest. Vielleicht hast du dich für einen Hund vom Züchter entschieden, um genau die Rasse – mit ihrem beschriebenen Wesen – zu bekommen, die zu dir passt. Vielleicht kam es auch anders und der Tierschutzhund aus dem Ausland hat sich, nur durch sein Bild, von der Website des Tierheims direkt in dein Herz katapultiert. Vielleicht hast du auch einfach einen Hund aus der privaten Vermittlung übernommen.

Zwei Hunde, ein Mensch – drei Persönlichkeiten.

„Erstens kommt es anders, und zweitens als man denkt“

Wilhelm Busch (1832–1908)

NICHT WIE ERHOFFT

Wie auch immer der Vierbeiner zu deinen Füßen den Weg zu dir gefunden hat, vielleicht ging es dir irgendwann wie mir und du hast festgestellt, dass die ausgemalten Träume und Pläne mit diesem Hund nicht so ganz funktionieren wollen. Vielleicht lässt sich dein Hund nicht so einfach für Futter und Spielzeuge begeistern, sodass du manchmal ratlos neben den anderen Hundehaltern in der Hundeschule stehst, die minutenlang den Blick ihres Hundes einfangen können. Vielleicht schmeißt sich dein Hund nicht direkt in jede erdenklich erlernte Pose, wenn du ein Leckerli in der Hand hast. Vielleicht ist dein Hund nicht begeistert davon, wenn der Besuch kommt und ihn streicheln möchte und sucht bewusst den Abstand. Vielleicht braucht dein Hund lange Zeit, um sich an neue Situationen zu gewöhnen, zieht sich oft zurück oder ihm schlagen manche stressigen Momente förmlich „auf den Magen“. Oder dein Hund verhält sich anderen Hunden gegenüber nicht so, wie du es vom Familienhund von früher kennst: Vielleicht will er nicht mit jedem Hund „spielen“ und freut sich nicht, wenn er einen Artgenossen auf der anderen Straßenseite sieht. Vielleicht hat dein Tierschutzhund große Angst vor Autos oder Mülltonnen, die plötzlich auf der Straße stehen. Oder vielleicht sucht dein Hund auch einfach Abstand zu dir und es bricht dir das Herz, denn du wolltest doch einen Freund und nicht jemanden, der deine Nähe sogar meidet.
Die möglichen Ursachen hinter diesen Verhaltensweisen (und vielen mehr) sind umfangreich, es können erlerntes Verhalten, schlechte oder mangelnde Gewöhnung, Fehler im Training oder natürlich schlechte Erfahrungen sein. Und es kann seine Wurzeln eben auch in der Persönlichkeit des Hundes haben.

DIE KOMPONENTEN DER PERSÖNLICHKEIT

Die Persönlichkeit oder das Wesen setzt sich – wie auch beim Menschen – aus verschiedenen Bestandteilen zusammen. Bestimmte Eigenschaften der Persönlichkeit werden zum Beispiel in den Rassen besonders gefördert – auch wenn die Rasse nach neuesten Erkenntnissen einen bei Weitem nicht so hohen Einfluss auf die Persönlichkeit hat, wie bisher vermutet (Morill et al., 2022). Trotzdem tauchen in den verschiedenen Rassebeschreibungen, beispielsweise des Labrador Retrievers, immer wieder Begriffe wie „gutmütig, geduldig, freundlich, aufgeschlossen, neugierig oder ausgeglichen“ auf. Diese Charaktermerkmale werden auch durch die Zuchtauswahl weitergegeben – nicht nur, weil die Persönlichkeit der Elterntiere zur Vererbung beiträgt, sondern auch, weil die Aufzucht und das Fürsorgeverhalten der Mutterhündin einen enormen Einfluss auf die Persönlichkeitsentwicklung der Welpen hat (Nitzschner, 2021). So kann sich durch die Zuchtauswahl über viele Generationen eine Persönlichkeitsentwicklung in eine bestimmte Richtung lenken lassen.
Nun gibt es aber nicht nur Zuchthunde, und auch bei solchen gibt es Ausnahmen, die dem Rasseprofil nicht eins zu eins entsprechen. Es gibt auch viele Mischlinge oder Hunde, die schon seit Jahrzehnten keiner Rasse mehr zuzuordnen sind (zum Beispiel Hunde, die seit vielen Generationen auf

der Straße leben), was es für den Halter schwierig macht, im Vorhinein zu wissen, welche Wundertüte an Charaktereigenschaften enthalten ist. Neben den genetischen bzw. vererbten Anteilen der Persönlichkeit spielen die gemachten Erfahrungen eine große Rolle bei der Ausbildung der Persönlichkeit. Eine neue Studie hat herausgefunden, dass es durchaus auch Ereignisse im Leben eines Menschen gibt, die die Persönlichkeit nachhaltig verändern, wenn nicht sogar auf den Kopf stellen. So können beispielsweise finanzielle Not, schwere Krankheit, Heirat und auch der Eintritt in die Rente bei den Betroffenen eine starke Veränderung der Persönlichkeit hervorrufen. **Die Persönlichkeit unterliegt also einem dynamischen Prozess.** So ist es auch bei Hunden. Auch sie können sich im Laufe ihres Lebens in ihrem Verhalten und ihrer Persönlichkeit verändern. Das kann aus verschiedenen Gründen passieren, wie zum Beispiel durch Erfahrungen, die sie machen, oder durch die Umgebung und die Interaktionen mit Menschen und anderen Hunden. Ein Welpe, der in einer liebevollen und sicheren Umgebung aufwächst, wird sich mit einer höheren Wahrscheinlichkeit zu einem freundlichen und vertrauensvollen Hund entwickeln. Wenn ein Welpe jedoch in einer stressigen oder unsicheren Umgebung aufwächst, ist es wahrscheinlicher, dass er sich öfter ängstlich oder misstrauisch verhält. Auch später im Leben können Hunde durch neue Erfahrungen und Interaktionen ihre Persönlichkeit verändern. Zum Beispiel kann ein Hund, der früher ängstlich war, durch gesteuerten und gut aufgebauten Kontakt mit Menschen und anderen Hunden selbstsicherer werden. Andererseits kann ein Hund, der früher sehr selbstbewusst war, durch negative Erfahrungen oder Misshandlungen ängstlicher werden.

Jeder Hund, jede Persönlichkeit ist einzigartig.

PERSÖNLICHKEITSFORSCHUNG BEI HUNDEN

Nun gibt es seit einigen Jahren mehr Forschungen im Bereich der Persönlichkeit der Hunde. Hunde werden beurteilt, bewertet, angesehen, überprüft, getestet, um ein wenig mehr Einblick in diese Wesen zu bekommen. In meiner Tätigkeit als Hundetrainerin habe ich viele Menschen erlebt,

Freundschaften können einen positiven Einfluss auf die Persönlichkeit haben.

die nach der Antwort auf die Frage an ihren Hund „Wer bist du eigentlich?" gesucht haben, und auch ich selbst, mit meinen Hunden Keks und Knöpfchen, habe mir diese Frage gestellt. Da die Vierbeiner aber mit ihrer Antwort sehr zurückhaltend sind, möchte ich dich einladen, mit den Big Five einen Versuch zu starten, den Charakter deines Hundes zu entschlüsseln. Werde ich in diesem Buch das ein oder andere Mal den Hund vermenschlichen? Auf jeden Fall. Mit diesem Buch werde ich dir keinen objektiven Blick auf deinen Hund geben – das geht gar nicht. Denn deine Gefühle, dein Blick auf deinen Hund, deine Erfahrungen und Wünsche und all das werden in die Beantwortung des Fragebogens mit einfließen. Ist das schlimm? Vielleicht ... Vielleicht ist aber viel wichtiger, dass du erkennst, wie du deinen Hund wahrnimmst. Denn so, wie du ihn wahrnimmst, so verhältst du dich auch ihm gegenüber. Und es ist bekannt, dass wir das Verhalten unserer Hunde nicht ändern können, wir können nur unser Verhalten ändern und ihm damit die Chance geben, darauf zu reagieren.
Ich freue mich darauf, wenn ich dir deinen Hund neu vorstellen kann. Los geht's, schauen wir uns die Big Five genauer an!

Deine Hanna David mit Keks und Knöpfchen

PERSÖNLICHKEITSFORSCHUNG

QUATSCHKOPF ODER ERNSTER BEGLEITER?

Der Blick in die Persönlichkeit
ist eine Momentaufnahme.

WER IST DEIN HUND?

Was sind die Big Five?

Wenn du deinen Hund beschreiben müsstest, welche Worte würden dir sofort in den Sinn kommen? Welche Adjektive beschreiben seine Persönlichkeit am besten?

DAS BIG FIVE-PERSÖNLICHKEITS-MODELL BEIM MENSCHEN

Das Big Five-Persönlichkeitsmodell und der dazugehörige Test findet, als einer der am häufigsten durchgeführten Persönlichkeitstest der Gegenwart, Anwendung in der Psychologie und beispielsweise auch in Unternehmen. Hier wird der Test benutzt, um im Bewerbungsverfahren herauszufinden, wie der Charakter der Bewerberinnen auf die ausgeschriebene Stelle passt.
Vor knapp 100 Jahren – circa 1930 – begannen die Forscher Louis Thurstone, Gordon Allport und Henry Sebastian Odbert mit der Entwicklung des Modells. Sie nahmen an, dass sich Persönlichkeitsmerkmale auch immer in der Sprache wiederfinden würden. Man hat dann also – einfach gesagt – Wörter, die mit Verhalten oder Eigenschaften zu tun haben, aus Wörterbüchern zusammengesammelt und daraus dann die fünf Merkmale (die sogenannten Big Five) herausgearbeitet. Dies war eine enorme Leistung, die Anzahl der Begriffe belief sich auf circa 18000 Wörter.

DIE FÜNF PERSÖNLICHKEITSMERKMALE

1. Extraversion
   (Geselligkeit)
2. Offenheit für Erfahrungen
   (Aufgeschlossenheit)
3. Verträglichkeit
   (Kooperationsbereitschaft)
4. Gewissenhaftigkeit
   (Perfektionismus)
5. Neurotizismus
   (Emotionale Labilität und Verletzlichkeit)

Um das Modell zu verifizieren, wurden tausende von Studien durchgeführt, weltweit in verschiedenen Kulturen und Sprachen.
Hierbei wurde das Big Five-Persönlichkeitsmodell immer wieder bestätigt.
Es basiert also auf einer fast 100-jährigen Forschungspraxis.

Es gibt keine Antwort auf die Frage: Haben Hunde ein Gewissen?

NUR FÜNF CHARAKTERMERKMALE?

Nun stellt sich vielleicht die Frage, ob sich die komplexe Persönlichkeit eines Menschen wirklich auf nur fünf Charaktermerkmale reduzieren lässt? Die Fragebögen sind so aufgebaut, dass es kein Schwarz-Weiß-Ergebnis gibt. Die unterschiedlichen Ausprägungen auf den Merkmalen – sozusagen die Schattierungen – können eine Vielzahl von Persönlichkeitsprofilen ergeben. Jedes der Merkmale ist als Kontinuum zu betrachten. Man ist nicht entweder gewissenhaft oder man ist es nicht. Man befindet sich irgendwo auf einer Skala zwischen niedriger, mittlerer oder hoher Ausprägung. Auch gibt es kein „Richtig" oder „Falsch" – so ist ein negativer Wert nicht gleichzusetzen mit „schlecht". Es ist kein Test, bei dem man eine hohe Punktzahl haben möchte, es geht um die Schattierungen, die in ihrer Gesamtheit, ihrem Zusammenspiel, ihrer Abhängigkeit und ihrer Alleinstellung ein Profil ergeben, das dann etwas über den Charakter verraten kann. Wenn man den Charakter entschlüsseln kann, dann kann man erahnen, wie der Proband mit unterschiedlichen Situationen umgeht. Daraus ergibt sich also auch die Möglichkeit, in gewissen Bereichen Verhalten vorauszusagen oder zumindest zu erklären.

Der Persönlichkeitstest als Momentaufnahme

Das Ergebnis des Persönlichkeitstests ist nie ein endgültiges Urteil über den Testkandidaten – es ist viel eher wie ein Foto der jetzigen Situation. Studien haben herausgefunden, dass die jeweiligen Ausprägungen der Merkmale im Kindes- und Jugendalter stark schwanken können. Nach dem 30. Lebensjahr bleiben die Werte weitestgehend stabil. Im höheren Alter kann es nochmal zu Veränderungen kommen, die wahrscheinlich auf die gesammelten Lebenserfahrungen und die sozialen Umstände zurückzuführen sind.

Können sie sich schuldbewusst zeigen?

Wissen sie, was sie tun sollen und was nicht?

DAS BIG FIVE-MODELL ÜBERTRAGEN AUF DEN HUND

Lässt sich das Big Five-Modell einfach auf den Hund übertragen? Jein ... Einige Eigenschaften und Beschreibungen des Charakters können sich einfacher auf den Hund übertragen lassen, wie zum Beispiel: neugierig, misstrauisch oder ängstlich. Andere Begriffe scheinen schwieriger, wie kreativ, ordentlich, fürsorglich oder konservativ. Forscherinnen, die sich mit den Big Five und Hunden beschäftigt haben, haben eine Grenze beim Merkmal „Gewissenhaftigkeit" gezogen (im englischen Original „conscientiousness"). Sowohl im Deutschen als auch im Englischen steckt das Wort „Gewissen" (im englischen Original „conscience"). Was zu der Frage führt, ob Hunde sich gewissenhaft verhalten können, und ob sie somit ein Gewissen haben. Auf diese Frage gibt es keine definitive Antwort. Ein Gewissen wird oft als eine Art innere Stimme verstanden, die uns sagt, was richtig oder falsch ist, und die uns dazu bringt, uns für unsere Handlungen verantwortlich zu fühlen. Natürlich gibt es keine Möglichkeit, direkt in den Kopf eines Hundes zu sehen und seine Gedanken und Gefühle zu erkennen. Stattdessen müssen wir uns auf das Verhalten und die Reaktionen des Hundes als Indikatoren für seine Gedanken und Gefühle verlassen. Es gibt jedoch einige Anzeichen dafür, dass Hunde in der Lage sind, einfache moralische Entscheidungen zu treffen und sich für ihr Verhalten verantwortlich zu fühlen. Zum Beispiel können Hunde natürlich lernen, Regeln zu befolgen, und lernen, wie sie Belohnungen für gutes Verhalten erhalten. Sie können auch zeigen, dass sie verstehen, wenn sie etwas falsch gemacht haben, indem sie sich zum Beispiel schuldbewusst verhalten, sogar noch bevor der Mensch die „Missetat" entdeckt. Es gibt sogar Theorien und eine Studie dazu, dass Hunde „lügen" können (Heberlein et al., 2017).

GRENZEN DES PERSÖNLICHKEITSTESTS

Die Lüge setzt ein grundlegendes Verständnis von Moral voraus. Trotz alldem, Hunde sind keine Menschen und so können wir auch dieses Verhalten nicht direkt mit dem menschlichen Gewissen vergleichen. Hunde haben ihre eigenen Bedürfnisse und Verhaltensweisen, die sich im Laufe entwickelt haben und die sie dazu befähigen, in ihrer Umgebung zu überleben und zu gedeihen und auch ihre Vorteile daraus zu schlagen. Ob Hunde ein Gewissen haben oder nicht, bleibt daher eine Frage, die wahrscheinlich niemals vollständig beantwortet werden kann. In diesem Buch werde ich das Charaktermerkmal „Gewissenhaftigkeit" eher mit Regelkonformität, Führbarkeit, Sorgfalt oder Genauigkeit gleichsetzen. Also eine Eigenschaft, die sich auf die Fähigkeit bezieht, gründlich und sorgfältig zu arbeiten, Aufgaben zu erfüllen und dabei Fehler zu vermeiden. Die Analyse und das Anwenden der Big Five auf Hunde sind also bestimmten inhaltlichen Grenzen unterlegen. Hinzu kommt, dass die Beantwortung der Fragen des Tests nur von außen möglich ist und somit Interpretationen, Vorurteile und Emotionen, die derjenige hat, der den Fragebogen ausfüllt, in die Analyse einfließen.

Ein ähnliches Problem haben die Forscherinnen bei der Durchführung des Big Five-Persönlichkeitstests beim Menschen. Es ist bekannt, dass Probanden bei der Durchführung von Persönlichkeitstests versuchen, sich selbst möglichst positiv darzustellen. Schwächen und auch mögliche negative Seiten werden abgeschwächt oder gänzlich verschwiegen (MacCann et al., 2011; Stocke, 2004; Thiemann, 2006). So haben die Forscher noch eine weitere Skala in den Test beim Men-

Wir sehen unsere Hunde durch eine subjektive Brille ...

... und das ist auch gut so.

schen eingefügt, welche die Ehrlichkeit der Testkandidaten misst. Auch die Hundehalterinnen sind davor nicht ganz sicher. Vielleicht möchte man den Fokus nicht so sehr auf die möglichen Schwächen des eigenen Hundes legen, weshalb auch die Angaben zum Hund möglicherweise nicht ganz objektiv sind.

DIE SUBJEKTIVE KOMPONENTE

Allerdings ist die Persönlichkeit – wie bei uns Menschen – erst dann entscheidend, wenn wir ein Gegenüber haben. Wären wir ganz allein auf dem Planeten, wäre es völlig irrelevant, ob wir intro- oder extravertiert sind. Es würde niemand bemerken, da uns der Maßstab und somit der Vergleich fehlt. **Persönlichkeit wird erst durch Beziehungen relevant.**

Hinzu kommt, dass wir Hunde meist durch eine Brille wahrnehmen. Eine komplett objektive Einschätzung wäre natürlich gut, ist aber für das Zusammenleben von Hund und Halterin nicht entscheidend. Denn so, wie Menschen ihren Hund wahrnehmen, ist er auch – zumindest für die Halter. Spannend ist es, wenn mehrere Personen – Halter, Betreuerinnen, Trainer – den Test für denselben Hund auswerten. Mit dem Übereinanderlegen der Ergebnisse nähert man sich dann einer objektiven Auswertung am ehesten an. Ist es deshalb tatsächlich wichtig, dass die Persönlichkeitsanalyse die objektive Realität abbildet? Oder ist es nicht vielleicht wichtiger, dass die Analyse die Wahrnehmung der Halterin abbildet? Denn darauf basiert die Beziehung, das Zusammenleben und schlussendlich auch das Training.

Sind Dackel wirklich so stur?

„DEIN SPIEGEL“ UND „DIE SICH SELBSTERFÜLLENDE PROPHEZEIUNG“

Besonders spannend wird der Blick auf die Persönlichkeit, wenn wir die Ergebnisse des Big Five-Tests unseres Hundes mit dem eigenen Ergebnis übereinanderlegen. Man sagt nicht umsonst: „Hunde suchen sich ihre Halter aus.“ Ich bin sicher, intuitiv wählen auch wir den Hund zu einem Teil nach den Persönlichkeitsmerkmalen aus. Ich selbst habe keine starke Ausprägung beim Merkmal Extraversion, das heißt, ich habe sowohl intro- und extravertierte Anteile in meiner Persönlichkeit. Das hilft mir in meinem Arbeitsalltag. So kann ich problemlos extravertiert auftreten und zum Beispiel als Dozentin „den Raum einnehmen“. Aber ich muss auch manchmal meine „sozialen Akkus“ in meiner Alleinzeit aufladen. Diese Ambivalenz im Charaktermerkmal Extraversion findet sich genau so auch bei meinen beiden Hunden wieder. Keks ist sehr introvertiert und erlebt seine Gefühle nach innen gerichtet. Knöpfchen dagegen sucht das Rampenlicht, steht gern im Mittelpunkt und zieht sich ihre Energie aus dem Sozialkontakt – typisch für einen extravertierten Hund. Nun mag man hier Zufall unterstellen, ich bin mir aber sicher, dass ich diese beiden Hunde intuitiv genau aus diesem Grund und in dieser Kombination aufgenommen habe.

Rassemerkmale und Charakter

Ein weiterer spannender Blickwinkel ist der Zusammenhang zwischen den Rassen, ihren unterstellten Charaktermerkmalen und unserem Umgang damit. So wird dem Dackel die Sturheit und dem Deutschen Schäferhund der Gehorsam nachgesagt. Beides Begriffe zugehörig zur Gruppe „Gewissenhaftigkeit", allerdings mit weiteren Anteilen der Gruppen „Verträglichkeit", „emotionale Stabilität" und „Extraversion". Und unsererseits bewertet: Gehorsam ist gut, Sturheit ist schlecht. Dem Dackel wird eher verziehen, wenn er sich gegen ein Signal sträubt als dem Schäferhund und das stets mit der Entschuldigung: „Dackel kann man nicht erziehen, die sind halt so." Dieser Umgang wird das sture Verhalten weiter verstärken, womit der Dackel sein ihm unterstelltes Charaktermerkmal immer mehr ausleben wird. Immerhin hat er Erfolg damit. Grundsätzlich variiert die Zuverlässigkeit von Persönlichkeitsbeschreibungen in Rassemerkmalen von Hunden stark. Rassemerkmale sind in erster Linie auf das Aussehen, also körperliche Merkmale, und Verhalten ausgerichtet, die für bestimmte Aufgaben oder Tätigkeiten nützlich sind. Der Dackel muss klein sein, damit er gut in den Dachsbau tauchen kann, und kernig, damit er sich dem größeren Tier in den Weg stellen kann und keine Scheu zeigt. Trotzdem gibt es einige charakteristische Verhaltensweisen und Persönlichkeitsmerkmale, die mit bestimmten Rassen in Verbindung gebracht werden. Beispielsweise werden der Border Collie und der Australian Shepherd als intelligent und fleißig beschrieben. Andere Rassen, wie der Golden Retriever und der Labrador Retriever, gelten als liebevoll und gutmütig.

Es gibt eine begrenzte Anzahl von Studien, die die Persönlichkeit von Hunden innerhalb der gleichen Rasse untersucht haben. Einige dieser Studien haben gezeigt, dass es innerhalb einer Rasse signifikante Unterschiede in den Persönlichkeitseigenschaften geben kann. Diese Unterschiede können auf genetische und auch auf Umweltfaktoren zurückgeführt werden. Insgesamt ist es schwierig, die Persönlichkeit eines Hundes vollständig durch seine Rasse oder seine Herkunft vorherzusagen, da jeder Hund ein Individuum ist und die Persönlichkeit durch eine Vielzahl von Faktoren beeinflusst wird.

Ist jeder Australian Shepherd fleißig?

Um die Persönlichkeit lesen zu können, ...

... sollte man den Hund gut und genau beobachten.

WAS ES ZU BEACHTEN GILT

Wenn du den Big Five-Persönlichkeitstest bei deinem Hund durchführen möchtest, solltest du Folgendes beachten: **Es ist schwierig, Persönlichkeitsmerkmale bei Hunden genau zu messen.**

Hunde und Menschen sind sowohl im Verhalten als auch in ihrer Kommunikation sehr unterschiedlich. Es ist deshalb schwierig, Verhaltensmaßstäbe zu entwickeln, die für beide Arten gültig sind. Hunde können ihr Verhalten je nach Situation und Kontext anpassen – sie sind „Reaktionen auf vier Beinen". Das bedeutet, der Hund, der in einer bestimmten Situation eine bestimmte Persönlichkeitseigenschaft aufweist, zeigt in einer anderen Situation eine andere. Dies erschwert die Messung von Persönlichkeitsmerkmalen, da man nicht unbedingt ein konsistentes Verhaltensmuster beobachten kann. Es gibt wenig Einigkeit darüber, welche Persönlichkeitsmerkmale bei Hunden überhaupt gemessen werden sollten. Es gibt keine allgemein akzeptierte Methode zur Messung von Persönlichkeitsmerkmalen und verschiedene Studien verwenden unterschiedliche Verfahren und Maßstäbe. **Hunde haben eigene und unterschiedliche Persönlichkeitsmerkmale und Verhaltensweisen, die von denen des Menschen abweichen können.**

Hunde achten viel stärker auf nonverbale Signale wie Körpersprache und Mimik als Menschen. Sie können auch ein größeres Verständnis für Hierarchie und Rangordnung haben, was zu unterschiedlichen Verhaltensweisen in sozialen Situationen führen kann. Auch haben Hunde eine andere Wahrnehmung von der Welt. Sie können Dinge wahrnehmen, die uns verborgen bleiben, wie zum Beispiel bestsimmte Gerüche. Sie denken grundsätzlich anders als der Mensch, sie handeln auf der Grundlage ihres inneren Antriebs und Erfahrungen, anstatt auf der Grundlage von Logik und Abstraktion wie etwa Menschen.

Um sicherzustellen, dass der Test valide und zuverlässig ist, ist es wichtig, dass du als Hundetrainerin oder Hundehalter über ein ausreichendes Verständnis für das Verhalten und die Kommunikation von Hunden verfügst.
Das ermöglicht dir, die Umstände, unter denen eine bestimmte Reaktion auftritt, zu erkennen und auch, wie sie sich möglicherweise im Laufe der Zeit verändert. Das ist wichtig, damit du ein annähernd korrektes Ergebnis erhältst. Hinzu kommt, dass auch die Ergebnisse des Tests richtig interpretiert werden müssen. Und, wenn du für jemanden den Test durchführst, diese klar und verständlich kommunizieren kannst, um sicherzustellen, dass die Ergebnisse für die Hundehalterin nachvollziehbar und die Handlungsempfehlungen umsetzbar sind.
Eine umfassende Beobachtung des Hundes ist notwendig, um eine möglichst genaue Bewertung der Persönlichkeit zu erhalten.
Es ist wichtig, dass eine Vielzahl von Verhaltensweisen und Interaktionen des Hundes beobachtet werden, um ein vollständiges Verständnis der Persönlichkeit zu erhalten. Das sollte dann auch in verschiedenen Umgebungen und Situationen erfolgen, damit unterschiedliche Aspekte in die Bewertung einfließen können. Wenn man sich dabei zu sehr auf eine bestimmte Verhaltensweise fokussiert, kann das zu einer ungenauen oder unvollständigen Bewertung führen. Ein Hund kann zum Beispiel in einer bestimmten Situation sehr ängstlich sein, aber in einer anderen Situation hingegen sehr selbstsicher. Der Hund, der sich beispielsweise im Kontakt mit anderen Hunden eher unwohl fühlt, wird sich, wenn andere Hunde dabei sind, anders verhalten, als wenn er allein wäre. Daher ist es wichtig, das Verhalten des Hundes in verschiedenen Kontexten und Situationen zu beobachten.

Bei der Bezugsperson zeigt sich die wahre Persönlichkeit.

Die Ergebnisse des Tests sollten nicht als abschließend betrachtet werden, sondern als Grundlage für weitere Beobachtungen.
Die Persönlichkeit eines Hundes ist dynamisch und anpassungsfähig und kann sich im Laufe der Zeit verändern, abhängig von Umgebung und Erfahrungen. Daher sollten die Ergebnisse eines Persönlichkeitstests als Orientierungshilfe betrachtet werden und nicht als endgültige Wahrheit. Es gilt also auch nach dem Test, den Hund weiterhin zu beobachten und das Verhalten immer wieder neu zu beurteilen.

BLOCKIERTE PERSÖNLICHKEIT DURCH TRAUMATA

Hunde wie auch Menschen können von traumatischen Erlebnissen betroffen sein. Diese Erfahrungen haben Auswirkungen auf das Verhalten und die Persönlichkeit. Traumatische Ereignisse stellt man sich häufig als ein einzelnes, schlimmes Erlebnis vor, das es durchaus auch sein kann. Allerdings kann ein Trauma auch durch das Ausbleiben von wichtigen Erfahrungen oder durch den Mangel an Sicherheit in bestimmten Lebensphasen entstehen. So kann eine Angst vor Menschen nicht nur wegen einer negativ behafteten Situation entstehen, sondern zum Beispiel auch, weil der Hund zu wenig Erfahrungen mit Menschen gemacht hat. Das kann sich dann in verschiedenen Aspekten seines Verhaltens und seiner Persönlichkeit zeigen. Ein Hund, der normalerweise gern spielte, kann nach einem Trauma sein Interesse am Spielen verlieren. Traumatische Erfahrungen können dazu führen, dass ein Hund Probleme beim Lernen hat oder aggressive Verhaltensweisen entwickelt.
Jeder Hund reagiert auf traumatische Erfahrungen anders und jeder Fall sollte daher individuell betrachtet werden. Um einem Hund, der eine traumatische Erfahrung gemacht hat, zu helfen, ist es wichtig, sich an einen erfahrenen Tierarzt oder Verhaltensberater zu wenden.
Der Einfluss von traumatischen Erfahrungen auf die Persönlichkeit ist sehr individuell. Man kann davon ausgehen, dass sich die wahre Persönlichkeit in der Komfortzone des Hundes zeigt. Verhält er sich innerhalb seiner Familie freundlich und aufgeschlossen, gegenüber Fremden aber zurückhaltend oder sogar ängstlich oder aggressiv, hat der Hund nicht etwa zwei verschiedene Charaktermerkmale, die wirkliche Persönlichkeit ist nur durch negative Erfahrungen blockiert.

Trauma kann Persönlichkeit blockieren.

DER UMGANG MIT DIESEM BUCH UND DEM FRAGEBOGEN

Die Persönlichkeit eines Hundes beginnt sich während der Welpenzeit zu entwickeln und die meisten Verhaltens- und Persönlichkeitsmerkmale sind in der Regel im Alter von etwa einem Jahr ausgebildet. Um ein aussagekräftiges Ergebnis zu bekommen, sollte der Testkandidat im Erwachsenenalter sein. Frühestens nach der Pubertät (bei manchen Hunden geht die bis zum 18. Monat), besser sogar erst mit 2 Jahren. Denn dann wird das Ergebnis mit einer höheren Wahrscheinlichkeit die Persönlichkeit umfassend und richtig abbilden können.

Aufbau Buch

Dieses Buch beginnt mit den Beschreibungen der fünf Charaktermerkmale, die als Big Five zusammengefasst werden können, übertragen auf den Hund. Hierbei wird jeweils das Extrem beschrieben, also wenn der Hund im Beispiel „Verträglichkeit“ sehr verträglich oder eben wenig verträglich ist. Auch für den ausgeglichenen Wert, also wenn der Hund keine deutliche Abweichung auf dem Merkmal hat, gibt es eine Beschreibung. Im weiteren Verlauf findest du die Stärken und Schwächen, die hinter jedem Merkmal stecken können, und auch einige Rassebeispiele, die in ihren Beschrei-

Aufmerksam und neugierig: Ein Blick in die Persönlichkeit?

bungen (in den gängigen Rassentabellen) Begriffe aus dem entsprechenden Merkmal verwenden. Hier nochmal der Hinweis: Die Persönlichkeit hat bei Weitem nicht so viel mit der Rasse zu tun, wie bisher gedacht, allerdings helfen die Stereotypen, sich ein Bild des Merkmals zu machen.

In der Mitte des Buchs findest du den Fragebogen mit Auswertung und im hinteren Teil die Handlungsempfehlungen zu den Merkmalen. Auch die Empfehlungen sind wieder auf die deutlichen Abweichungen bezogen. Wenn der Hund also einen mittleren oder moderaten Wert beim entsprechenden Charaktermerkmal hat, kannst du dir auch beide Empfehlungen durchlesen und das Beste für dich und deinen Hund herausnehmen. Der Big Five-Test lebt von Kombinationen, das bedeutet, die Persönlichkeit wird erst durch das Zusammenspiel aller Merkmale richtig sichtbar. Das kann auch mal dazu führen, dass sich Handlungsempfehlungen eher widersprechen oder in der Kombination nicht so gut zusammenpassen. Hierbei gilt es, dass du deine eigene Kompetenz einbringst und schlussendlich selbst entscheidest, was für dich und deinen Hund das Beste ist. Im hinteren Teil findest du auch die Aussagen der Kombinationen und eine Übersicht, woran du schnell einzelne Merkmale bei – zum Beispiel fremden – Hunden erkennen kannst.

Außerdem arbeite ich viel mit Beispielen, ich hoffe so, dass du dadurch deinen Hund besser verstehen lernst und ihr als Team noch enger zusammenwachsen könnt.

DIE BIG FIVE-CHARAKTER-MERKMALE

WAS IST DAS DENN?

Ein neues Spielzeug einfach links liegen lassen? Das fällt schwer.

Offenheit für Erfahrungen

Neugierig, aufmerksam und originell sind nur einige Begriffe, die für das Merkmal „Offenheit für Erfahrungen“ verwendet werden können. Wie würdest du dich selbst in dieser Hinsicht charakterisieren?

Wie reagieren Hunde in fremder Umgebung, wie in der Begegnung oder in einer Gruppe von fremden Hunden? Wie verhalten sie sich gegenüber Besuch oder neuen Spielzeugen? Sind sie unternehmungslustig und neugierig, beschäftigen sie sich gern mit Neuem und suchen vielleicht auch explizit nach Abwechslung? Oder zeigen sie sich eher skeptisch, mögen ihre festen Abläufe und Routinen oder sind sie sogar gestresst, wenn sie auch nur kleinere Veränderungen erleben? Mit dem Charaktermerkmal „Offenheit für Erfahrungen“ wird ermittelt, wie aufgeschlossen der Hund ist.

LUST AUF NEUES

Wenn ich mit meinen Hunden in den Urlaub fahre, reagieren sie sehr unterschiedlich auf diese Veränderung. Keks, der eher zurückhaltende Rüde, wird ein oder zwei Tage brauchen, um sich an die neue Umgebung zu gewöhnen. Er wird – im Gegensatz zu Zuhause – anhänglich sein, meine Nähe bewusst suchen und sich nicht weit von mir entfernen. Für ihn ist es wichtig, dass ich Dinge von zuhause mitnehme, wie Körbchen oder Decken. Dinge, die nach Zuhause, nach mir oder nach ihm selbst riechen. Das gibt Sicherheit. Knöpfchen dagegen ist sehr aufgeschlossen, am liebsten möchte sie die gesamte neue Unterkunft sofort untersuchen. Sie hat kein Problem, sich in fremder Umgebung auch mal von mir zu entfernen, und schaut sich alles genau an. Durchweg positiv gestimmt, geht sie den neuen Erfahrungen entgegen.

Keks mag feste Routinen.

MERKMAL-BESCHREIBUNGEN „OFFENHEIT FÜR ERFAHRUNGEN“

stark ausgeprägt	schwach ausgeprägt
vielseitig interessiert	wenig offen für Neues
neugierig	eher Stress bei Veränderungen
agil	eher skeptisch
aufmerksam	geht gern bekannte Wege
aufgeweckt	
keine Probleme mit Veränderungen	
sucht bewusst neue Erfahrungen	

Rassebeispiele mit hohem Wert auf dem Merkmal: Labrador Retriever, Golden Retriever, Boxer, Chihuahua, Malteser

DIE GEWOHNHEITSTIERE

Hunde, die weniger offen für Erfahrungen sind, benötigen etwas Zeit, um sich an Veränderungen anzupassen. Sie zeigen sich vielleicht unsicher oder verwirrt, wenn man umräumt, und sie wissen häufig nicht genau, was sie mit neuen Spielzeugen anfangen sollen. Solche Hunde liegen dann beispielsweise noch eine ganze Weile auf dem blanken Fußboden, wenn vorher dort mal ihr Körbchen stand. Sie sind zunächst skeptisch gegenüber Neuem. Das könnte sich dadurch zeigen, dass sie zum Beispiel Besuch gegenüber zurückhaltend sind oder sich sogar desinteressiert zeigen. Möglicherweise zeigen sie anderen Hunden deutliche Grenzen auf, wenn es beispielsweise um bevorzugte Liegeplätze geht. Es kann sogar so weit gehen, dass sie verschlossen und misstrauisch wirken. Grundsätzlich sind sie vorsichtig und eher weniger interessiert, neue Gegenstände oder Umgebungen zu untersuchen oder zu erkunden.

Kaja lässt sich nicht für Spielzeug begeistern.

Sie zeigt sich in fremder Umgebung nicht neugierig.

FESTE ROUTINEN WERDEN BEVORZUGT

Diese Hunde fühlen sich in gewohnten Bahnen wohler, sie blühen auf den bekannten Spazierwegen auf und zeigen sich reserviert und zurückhaltend, wenn man in fremder Umgebung ist. Neue Strategien probieren sie von selbst eher selten aus und gemachte Erfahrungen speichern sie sorgfältig ab – besonders die negativen. So kann es passieren, dass sie einmal auf einem rutschigen Baumstamm ausgerutscht sind und seitdem keinen Drang mehr haben, bei trockenem Wetter einen Baumstamm auszuprobieren. Ihre Motivation nach der Erkundung dazu ist nicht hoch genug. Solche Hunde beschäftigen sich am liebsten mit dem, was sich direkt vor ihnen befindet und was sie kennen. Sie suchen außerhalb ihrer festen Routinen nicht explizit nach Reizen. Sie machen Dinge nicht einfach nur zum Vergnügen – sich „einfach so" mit einem Spielzeug zu beschäftigen, ohne dass es sich für sie lohnt, kommt eher selten vor. Neuen und ungewöhnlichen Dingen oder Situationen stehen sie eher zurückhaltend gegenüber und lassen sich erst langsam darauf ein. Sie mögen eindeutige Signale und klare Kommunikation und bevorzugen einfache, direkte Lösungen. Man würde bei solchen Hunden nicht auf die Idee kommen, sie als kreativ oder neugierig zu bezeichnen.

Da kann das Spielzeug noch so verlockend sein.

Stärken	Schwächen
Konzentriert Der Hund kann konzentriert an einer Sache dranbleiben und lässt sich auch nicht so einfach ablenken.	**Unkreativ** Der Hund kommt nicht auf neue Ideen oder Lösungen, das kann zu Überforderung führen.
Genügsam Der Hund ist mit dem zufrieden, was er hat. Er zeigt keinen großen Drang nach neuen Erfahrungen.	**Gleichgültig** Der Hund interessiert sich nicht für Neues, ist nur schwer zu begeistern.
Zuverlässig Der Hund handelt vorhersehbar.	**Komfortzone** Der Hund vermeidet das Verlassen der Komfortzone und verpasst so Chancen, möglicherweise etwas Tolles kennenzulernen.
	Überfordert Der Hund kann bei neuen Übungen/Dingen schneller überfordert sein.
	Stress in fremder Umgebung Der Hund hat möglicherweise schneller Stress in fremder Umgebung.

Aus der Praxis

Kaja, eine ehemalige Straßenhündin aus Rumänien

Kaja wurde von ihren Menschen als erwachsener Hund von der Straße gerettet. Sie lebt jetzt das Traumleben jeden Hundes. Eine schöne ebenerdige Wohnung mit Garten in einer waldreichen Umgebung. Engagierte und tolle Hundemenschen, die keine Mühen scheuen, diesem Hund den Himmel auf Erden zu bieten.

„Ein Leckerli?" ...

... „Nein danke!"

Die Hündin ist großartig, sie ist freundlich gegenüber Hund und Mensch und kann überallhin mitgenommen werden. Sie hat eine gemütliche Natur und weder bellt sie viel noch zeigt sie irgendwelches andere „Problem"-Verhalten. Einzig erwähnenswert sei vielleicht ihr Jagdtrieb und ihre Abneigung gegenüber Hundefutter.

Fehlende Bindung zum Menschen

Warum also wurde ich als Trainerin hinzugerufen? Der ursprüngliche Grund für meinen Besuch war „die fehlende Bindung an den Menschen", so sagte man es mir. Kaja hatte die Neigung, sich immer zurückzuziehen. Sie lag am liebsten in einem kühlen Zimmer im vorderen Teil der Wohnung, von wo aus sie alle Türen beobachten konnte. Noch schlimmer – für die Familie – war es, dass sie die angebotenen Streicheleinheiten nicht wahnsinnig begehrte, und der Hund ließ auch teilweise das angebotene rohe Fleisch links liegen. Ich traf also auf besorgte Halter, die Angst hatten, alles falsch gemacht zu haben.

Es war schnell klar, dass Kaja nicht zu den Hunden mit einer großen Offenheit für Erfahrungen gehört. Sie ist selig, wenn sie ihre gewohnte Routine hat. Sie genießt die Spaziergänge mit ihren Haltern, die wir erst einmal in der Länge und Dauer reduzierten, denn Kaja ist genügsam und zufrieden mit ihrer kleinen, aber von Routinen geprägten Welt. Sehr deutlich zeigte sich auch ihre eigentliche Reserviertheit im Umgang mit neuen Erfahrungen bei einem unserer Trainings. Wir trafen bei einem Spaziergang auf fremde Menschen und Kaja, die vermeintlich grundsätzlich offen und freundlich gegenüber jedem ist, zeigte körpersprachlich deutliche Stresssymptome nach dem Kontakt mit der fremden Person – auch wenn sich diese gar nicht groß für sie interessierte. Wieso sehen wir diesen Widerspruch? Kaja hat lange auf der Straße in Rumänien gelebt. Und dort hat sie wahrscheinlich gelernt, dass es sich auch mal lohnt, freundlich auf Menschen zuzugehen. Der Kontakt ist ihr aber eher unangenehm und ihre Skepsis zeigt sie durch ihre Körpersprache. Sie hält zum Beispiel grundsätzlich immer eine Armlänge Abstand.

Kajas Stärken und Schwächen
Ansonsten ist Kaja nicht interessiert an Spielzeug, lässt sich nicht fürs Knobeln begeistern und energieverbrauchendes Vergnügen muss mit etwas Lohnenswertem gekoppelt sein, sie geht also zum Beispiel gern jagen.

Ich schätze Kajas Routiniertheit und Sicherheit (emotionale Stabilität) sehr. Denn sie ist eine tolle Hündin für Tandemstunden oder Sozialisierungsthemen. Sie hat eine große Sicherheit im Umgang mit anderen Hunden und ist dabei selbst wenig an ihnen interessiert. Sie strahlt Souveränität aus, ist nicht aufdringlich und setzt faire Grenzen. Ein echter Goldschatz.

1. Kaja liebt gemütliche Spaziergänge.

2. Eine Armlänge Abstand gibt ihr Sicherheit.

1

2

Potter ist immer auf der Suche nach seinem nächsten Abenteuer.

DIE ABENTEURER

Die Abenteurer sind offen für neue Erfahrungen, haben viele Interessen und suchen stets nach Abwechslung. Sie haben ein gutes Gespür für Emotionen und können andere mit ihren Stimmungen beeinflussen. Sie sind für jeden Spaß zu haben und lassen sich schnell anstecken. Oftmals reicht es bereits, sie mit leicht angehobener Stimme anzusprechen, um ihr Interesse zu wecken.
Außerdem sind sie häufig sehr interessiert an Spielzeugen, Knobelaufgaben und Objekten aller Art. Sie können sich gut allein beschäftigen. Solche Hunde nehmen das Spielzeug auch gern mal auseinander – besonders, um herauszufinden, was sich im Inneren befindet.
Diese Hunde kann man als originell, experimentell und neugierig beschreiben. Daher suchen offene Hunde stets gern nach Situationen, die ihnen neue Eindrücke und Erfahrungen liefern. Es sind Hunde, die gern neue Menschen oder Hunde kennenlernen möchten – der berühmte Golden Retriever, der mit jedem Fremden mitgehen würde.

Hunde mit eigenen Ideen

Offene Hunde beschäftigen sich auch mal mit Ideen – also dem Noch-nicht-Sichtbaren, sie suchen förmlich nach Reizen (Bsp.: Schnüffeln, bis man eine Fährte hat). Oder sie laufen auf einem eingezäunten Grundstück so lange im Kreis den Zaun ab, bis endlich ein Spaziergänger vorbeikommt, der angebellt (oder begrüßt) werden kann. Sie probieren sich gern aus und stellen das Bewährte öfter mal infrage. Es kann also

auch immer wieder Diskussionen zwischen Halterin und Hund geben, da der Hund Grenzen oder Regeln manchmal neu interpretieren möchte und auch mal andere „Wege und Lösungen" ausprobiert.
Es scheint, als würden diese Hunde die Welt intensiver wahrnehmen, hinter jedem Stein, Blatt oder Busch steckt die Möglichkeit nach einem Abenteuer. Sie sind kreativ und möchten geistig gefördert werden. Immer wiederkehrende Handlungsabfolgen können sie langweilen. Dies kann den Halter auch zur Verzweiflung bringen, denn gestern, als die neue Übung einstudiert wurde, war der Hund höchst motiviert und hat jeden neuen Schritt schnell gelernt. Aber heute, beim Abrufen des Gelernten, ist der Hund fahrig, wenig engagiert und steigt vielleicht auch schneller aus. Das heißt nicht, dass der Hund die Übung verlernt hat. Es reizt ihn nur nicht, die Dinge mehr als zweimal zu machen.

Stärken	Schwächen
Flexibel Dem Hund machen Veränderungen nichts aus, er hat sogar Freude daran.	**Abgelenkt** Der Hund bringt Aufgaben nicht zu Ende, weil andere Sachen verlockender erscheinen.
Entspannt Der Hund sieht die Dinge nicht so eng, ist eher verspielt und nicht sonderlich streng.	**Fahrig** Der Hund hat Schwierigkeiten, Vorgaben zu folgen und dabei auf Feinheiten zu achten.
Reaktiv Der Hund kann gut improvisieren und schnell auf Unvorhergesehenes reagieren.	**Leichtsinnig** Der Hund tut Dinge, die unvernünftig und bisweilen auch gefährlich sind.
Abwechslung Der Hund kommt gut mit unterschiedlichen Herausforderungen zurecht.	**Impulsiv** Der Hund ist impulsiv und folgt gern neuen Reizen.

Ein Haufen Spielzeug
und der Abenteurer ist begeistert.

Aus der Praxis

Potter ist für alles zu haben

Potter, der junge Weimaraner-Rüde, ist ein Abenteurer. Er ist nicht am oberen Ende der Skala, sondern im gehobenen Mittelfeld. Ein kreativer Kerl, der gern entdeckt.

Potter lernt unglaublich schnell, seine hoch engagierten Menschen denken sich immer wieder neue Aufgaben für ihn aus. Er braucht Stimuli und geht sehr offen mit seiner Umwelt um. Lange Spaziergänge ohne Action – vom Menschen gesteuerte oder selbstgesuchte – sind nicht sein größtes Vergnügen. Geht man also lange mit ihm, kann es leicht passieren, dass er sich selbst etwas zum Entdecken sucht. Eine große Bindung an seine Menschen hat er, was ihn aber dennoch nicht davon abhält, auch mal den Umkreis um sie herum zu vergrößern. Schwierigkeiten machen ihm Dinge, die ihm eine längere Konzentration abverlangen oder bei denen er seinen Drang nach neuen Erfahrungen nicht ausleben kann. Bestes Beispiel: Leinenführigkeit. In einer lebendigen Innenstadt voller aufregender Eindrücke an jeder Straßenecke und neugieriger Blicke ist es für einen Abenteurer eine Herausforderung, sich streng an Regeln zu halten – welch spannende Dinge man dann doch verpassen würde!

Potter und Edgar sind ein tolles Team.

DIE GOLDENE MITTE: „WENN'S SEIN MUSS"

Die Hunde mit einer Balance in der Ausprägung sind mal offen für Erfahrungen, bleiben aber auch gern in ihren Routinen. Auf diese Hunde treffen Beschreibungen beider Seiten zu. Sie interessieren sich durchaus für Neues, aber nicht so stark, dass sie ständig danach suchen würden.
Motiviert man diese Hunde, sind sie auch hin und wieder mal interessiert an Spielzeugen, Knobelaufgaben und Objekten. Sie können sich länger an solchen Sachen erfreuen, ohne schnell von ihnen gelangweilt zu sein.
Größere Veränderungen bereiten ihnen Stress und dann brauchen sie eine Erholungszeit. Ein Spaziergang in einer neuen Umgebung ist für sie noch kein größeres Problem, allerdings könnte ein Tapetenwechsel, ein Umzug oder auch die Ankunft im Urlaubsort schon etwas länger an ihnen nagen.

Reserviert neugierige Hunde

Diese Hunde orientieren sich an für sie bekannten und gewohnten Vorgehens- und Denkweisen. Sie suchen eher seltener explizit nach Reizen, die noch nicht zu sehen sind (Beispiel: So lange schnüffeln, bis man eine Fährte gefunden hat). Der Sinn hinter Aufgaben muss für sie klar erkennbar sein – oder die Motivation muss stimmen. Auch möchten sie den bequemen Status quo gegenüber Veränderungen und fremden Einflüssen bewahren. Sie mögen eindeutige Signale und bevorzugen einfache und direkte Lösungen.
Diese Hunde kann man als reserviert neugierig beschreiben. Sie bringen eher weniger eigene Lösungsvorschläge mit, sondern brauchen eine klare Anleitung durch ihren Menschen. Stimmt die Motivation, probieren sie sich durchaus auch mal aus.

Begeisterung sieht anders aus.

Gewissenhaftigkeit

Gewissenhaftigkeit könnte man bei Hunden synonym mit Führbarkeit verwenden. Wie sehr kann ein Hund seine Bedürfnisse in den Hintergrund stellen, um Ziele zu erreichen? Wie ausdauernd bleibt der Hund an einer Aufgabe dran?

Keks ist äußerst zuverlässig und genau, wenn es um die Ausübung von Signalen geht. Er kann in bestimmten Situationen alle Ablenkungen ausschalten und arbeitet dann „im Tunnel" seine Aufgabe ab. Das Besondere: Er hat dabei sogar richtig Spaß. Er geht in solchen Abfolgen sichtlich auf und liebt die Anerkennung und Bestätigung, die er dafür erhält.

Knöpfchen hingegen hat keine große Freude an solchen Gehorsamkeitsübungen. Nach ein paar Wiederholungen hat sie keine Lust mehr und verzieht sich lieber aus der Übung. Auch lässt sie sich sehr leicht ablenken und verliert ihre – bis vor einer Sekunde – noch spannende Spur durch einen vorbeifliegenden Schmetterling. Sie nimmt die Dinge leicht und lässt sich – würde man sehr bildlich sprechen – einfach treiben.

DIE REBELLEN

Hunde, die eine negative Ausprägung auf dem Merkmal Gewissenhaftigkeit aufweisen, gehen eher entspannter mit Situationen um und reagieren dann oftmals flexibel.

Anfällig für Ablenkungen

Die eigenen Bedürfnisse stehen im Vordergrund, wodurch auch das Erfüllen von Aufgaben oder das Erreichen von Zielen weniger wichtig für sie ist.

Keks arbeitet sehr genau und möchte gefallen.

MERKMAL-BESCHREIBUNGEN „GEWISSENHAFTIGKEIT“

stark ausgeprägt		schwach ausgeprägt
handelt zielstrebig und genau	zuverlässig	lässt sich leicht ablenken
hat ein hohes Maß an Selbstkontrolle	vertrauenswürdig	hat kaum „will to please“
kann Ablenkungen widerstehen	konzentriert	sieht die Dinge lockerer
neigt zum Kontrollieren	stur	die eigenen Bedürfnisse stehen im Vordergrund
hat Pflichtbewusstsein	ansprechbar	ungestüm
wachsam	gehorsam	impulsiv
eifrig		

Rassebeispiele mit hohem Wert auf dem Merkmal: Golden Retriever, Border Collie, Rottweiler, Dobermann, Weimaraner, Lagotto Romagnolo, Nederlandse Kooikerhondje, Großer Münsterländer, Welsh Corgi Pembroke

Das kann sich dadurch zeigen, dass sie auf dem Rückweg beim Apportieren das Dummy verlieren oder ablegen, da ihnen eine spannende Schnupperstelle in die Quere kommt. Sie können solchen kurzfristigen Ablenkungen nur schwer widerstehen, da ihre Selbstkontrolle niedriger ist. Es kostet Mühe, diese Hunde für wiederkehrende oder lange Handlungsketten zu begeistern.
Mit solchen Hunden diskutiert man vielleicht bei jeder Straßenüberquerung neu ein „Bordstein-Sitz“ – selbst wenn man es bereits sehr oft gemacht hat. Auch die Leinenführigkeit ist ein gefühlt ewiger Lern- und Wiederholungsprozess.
Rebellische Hunde sind nachsichtiger in Bezug auf sich selbst, aber auch auf andere. Dadurch passiert es, dass sie sich nicht immer exakt an die Vorgaben halten und flexibler sind, was Planänderungen oder das Ergreifen neuer Gelegenheiten angeht. So springen solche Hunde zum gefühlt hundertsten Mal nach dem Verbot doch wieder auf das Sofa. Man könnte sie als impulsiv, sorglos und unzuverlässig beschreiben.

Stärken	Schwächen
Flexibel Dem Hund machen Veränderungen nichts aus, er hat sogar Freude daran.	**Abgelenkt** Der Hund bringt Aufgaben nicht zu Ende, weil andere Sachen verlockend erscheinen.
Entspannt Der Hund sieht die Dinge nicht so eng, ist eher verspielt und nicht streng regelversessen.	**Fahrig** Der Hund hat Schwierigkeiten, Vorgaben zu folgen und dabei auf Feinheiten zu achten.
Reaktiv Der Hund kann gut improvisieren und schnell auf Unvorhergesehenes reagieren.	**Leichtsinnig** Der Hund tut Dinge, die unvernünftig und unter Umständen etwas gefährlich sind.
Abwechslung Der Hund kommt gut mit unterschiedlichen Herausforderungen zurecht.	**Impulsiv** Der Hund ist impulsiv und folgt gern neuen Reizen.

Aus der Praxis

Die selbstständige Lotte

Lotte, ein Harzer Fuchs, ist es aufgrund ihrer Rassezugehörigkeit gewohnt, auch mal selbstständig Entscheidungen zu treffen, die im Widerspruch zu dem stehen, was der Hundehalter gesagt hat.

Das ist ganz bewusst in manche Hütehunde hineingezüchtet worden. Sie müssen Situationen an den Schafen oft selbst einschätzen und sich dann über Signale hinwegsetzen. Daher hat Lotte auch nicht so wahnsinnig viel Spaß an klassischer Obedience. Sie lernt die Übungen rasch und ist mit ausreichend großer Motivation dabei. Man merkt ihr aber nach einiger Zeit an, dass ihr das Ganze nicht so viel Spaß macht wie dem Labrador, der neben ihr steht.

Eine starke eigene Meinung

Sie lässt sich nicht davon abhalten, den anderen Hunden in der Gruppenstunde deutlich zu zeigen, wenn sie ihr zu nahe kommen, auch wenn sie alle durch Leinen und strikte Signale gesichert sind. Nein, Lotte glaubt nicht, dass sich die anderen Hunde so kontrollieren lassen – sie selbst lässt sich nämlich nicht mit nur einem Brocken Futter davon abhalten, die Stelle zu markieren, die der Rüde vor ihr gerade bepinkelt hat. Für sie stehen ihre eigenen Bedürfnisse im Vordergrund.

Außerdem ist Lotte immer wieder überrascht, wenn sie in der Freifolge dafür korrigiert wird, dass sie überholt. Immerhin ist da vorn eine Pfütze, und so eine Freifolge sollte doch höchstens zehn Meter lang sein und nicht etwa eine halbe Ewigkeit dauern. Im Gegensatz zu Hunden, die sich bewusst gegen die Grenzen, Signale oder Einwände ihrer Halter stellen, um Hierarchien abzuklopfen, ist das bei Lotte kein Versuch, die Weltherrschaft an sich zu reißen. Nein, es ist eher ein Sich-darüber-Wundern, dass der Mensch so lange und tatsächlich ständig auf das Ausführen von Signalen besteht. Das ergibt in ihrem kleinen rebellischen Kopf nämlich überhaupt keinen Sinn.

Der Harzer Fuchs gehört zu den Altdeutschen Hütehunden.

DIE PERFEKTIONISTEN

Hunde mit einer deutlichen Ausprägung auf dem Merkmal Gewissenhaftigkeit sind zielstrebig, konzentriert und genau. Sie möchten gefallen und sind immer bemüht, sich richtig zu verhalten. Übereifrig schlagen sie zum Beispiel alle möglichen Tricks vor oder versuchen durch besonders engagiertes Einhalten der Aufgaben, den Menschen zu beeindrucken. Diese Hunde sind diszipliniert, besonnen und haben ein hohes Maß an Selbstkontrolle. Sie arbeiten also in Übungen diszipliniert auf die Ziele hin und sind dabei ordentlich und genau. Ablenkungen können sie dabei recht gut widerstehen. Solche Hunde sind berechenbar und halten sich meist gut an die aufgestellten Regeln – manchmal sogar pedantisch. Manchmal stellen sie auch selbst Regeln auf und finden es dann unglaublich, wenn andere diese Regeln nicht wahrnehmen oder einhalten. Sie können verzweifeln, wenn sie merken, dass ein Gruppenmitglied mehr darf als sie oder sich über für sie geltende Regeln hinwegsetzt. Das stresst sie sehr.

Haben sie einen Plan, verfolgen sie diesen beharrlich. Haben sie zum Beispiel einmal eine Spur aufgenommen, sind sie nur schwer davon abzubringen. Sie neigen zum Kontrollieren anderer und können dann das Verhalten korrigieren, wenn sie es für unangebracht halten.

Stärken	Schwächen
Hartnäckig Der Hund bleibt an Aufgaben dran und führt sie zu Ende - komme, was wolle.	**Unflexibel** Dem Hund fällt es schwer, sich Änderungen in der Routine und veränderten Umständen anzupassen.
Überlegt Der Hund überstürzt seine Handlungen nicht, er handelt bedacht und überlegt.	**Bedürfnis nach Kontrolle** Der Hund möchte Dinge entscheiden oder zumindest überwachen können. (Klassiker: Hinterherlaufen, im Weg liegen, Kontaktliegen an Besuch).
Konzentriert Der Hund ist konzentriert und lässt sich kaum durch andere Reize ablenken.	**Zwanghaftigkeit** Der Hund kann bei einer starken Ausprägung zu zwanghaftem Verhalten neigen.
Gewissenhaft Der Hund führt Aufgaben korrekt aus und hält sich an aufgestellte Regeln.	**Suchtpotential** Der Hund kann eine Sucht für Aufgaben-Kicks entwickeln - der Ball wird zum Lebensinhalt.

Gewissenhafte Hunde können auch bei schwierigen Aufgaben konzentriert bleiben.

Aus der Praxis

Cookie – „zu meinen Bedingungen"

Cookie ist ein Rüde aus dem Tierschutz. Als Welpe wurde er nach Deutschland gebracht und genoss die ersten Jahre seines Lebens als Einzelhund. Das hat ihm sehr gut gefallen. Auf dem Hundeplatz und bei den Übungen ist er gern dabei, Hauptsache Frauchen hat Futter eingesteckt. Die Belohnung muss also stimmen. Dann sieht man ihn auch wie wild einem Apportel hinterherjagen.

Cookie stellt seine eigenen Regeln auf

Cookie übt sehr schnell neue Handlungsketten ein und kann dann selbst schwierigen Reizen widerstehen. Dadurch fällt er gern in die „Trainingssituation", das bedeutet, er kann sehr gut zwischen gestellten und authentischen Situationen unterscheiden. Gerade beim Thema „Leinenaggression" macht er seiner Halterin deshalb das Leben schwer. Sobald er merkt, dass es sich um eine Trainingssituation handelt, ist er ganz der wohlerzogene Hund aus der Hundeschule. Er kann alle Signale abrufen, auch wenn der Trigger „anderer Hund" dabei ist. Nur im echten Leben hält er sich lieber an seine selbst aufgestellten Regeln, nämlich dass jeder Hund schon auf die Entfernung hin angepöbelt werden muss.

Stress schlägt auf den Magen - Grasfressen kann ein Hinweis sein.

Niedrige emotionale Stabilität

Kombiniert mit seiner niedrigen emotionalen Stabilität stressen ihn Veränderungen sehr. Er braucht mindestens zwei Tage, um sich an größere Veränderungen zu gewöhnen, und reagiert dann auch gern mit einer Magen-Darm-Verstimmung. Für ihn wäre es am besten, wenn alles so bleiben würde, wie es ist. Getreu dem Motto: „Wenn der Wind der Veränderung weht, bauen die einen Mauern und die anderen Windmühlen" (chinesisches Sprichwort), baut Cookie jede Menge Mauern und legt sich dahinter in die Sonne.

1

3

2

„Ich kann nicht" oder „ich will nicht"?

1. Cara ist bemüht, die Aufgabe zu erfüllen.

2. Ihre Konzentrationsfähigkeit ist allerdings begrenzt.

3. Und manche Reize sind dann doch zu stark.

DIE GOLDENE MITTE: „STETS BEMÜHT"

Die Hunde mit einer Balance in der Ausprägung sind manchmal bemüht, Übungen sauber durchzuführen. Sie steigen aber schneller mal aus und es fällt ihnen schwer, sich lange zu konzentrieren – die eigenen Bedürfnisse stehen dann im Vordergrund. Sie haben eine durchschnittliche Beharrlichkeit beim Erreichen ihrer Ziele, die aber – genauso wie ihre Selbstkontrolle – auch deutliche Grenzen hat. Länger an etwas dranzubleiben, fällt ihnen weder besonders schwer noch besonders leicht.

Regeln müssen für sie einen Sinn haben und sie brauchen manchmal eine Erinnerung daran. Sie suchen gern explizit nach Reizen, die zum Beispiel noch nicht zu sehen sind. Für sie müssen die Motivation und der Sinn hinter der Aufgabe erkennbar sein.

Extraversion

Die Begriffe Extraversion und Introversion haben ihre Ursprünge im Lateinischen: Extraversion leitet sich von ‚extra' (außen) und ‚vertere' (wenden) ab, während Introversion von ‚intro' (hinein) und ‚vertere' (wenden) stammt. Diese Worte erfassen das Verhalten und die Interaktion in sozialen Gruppen.

Es gibt Hunde, die können nicht genug Kontakt zu Artgenossen haben. Sie blühen sichtbar auf, wenn sie mit einem anderen Hund herumtollen oder kommunizieren können. Solche Hunde sieht man auch in der Mitte einer Hundegruppe stehen, mit erhobener Rute und stolz wedelnd. Scheinbar endlose Energie haben sie, wenn sie mit einem anderen Hund über die Wiese rennen. Und dann gibt es solche, die halten sich am Rand einer Hundegruppe auf, sie beobachten eher, als dass sie Kontakt initiieren. Sie halten sich zum Beispiel damit auf, weiter die Umwelt zu untersuchen, anstatt ständig ein Spiel zu beginnen.

ZWEI UNTERSCHIEDLICHE CHARAKTERE

Wie bei einigen Merkmalen auch, sind Keks und Knöpfchen hier wieder sehr weit voneinander entfernt. Für Knöpfchen ist es etwas Wunderbares, wenn wir auf andere Hunde treffen, sie ist sehr offen und geht freundlich interessiert auf Fremde zu. Sie hat keine Scheu und fühlt sich nicht sofort bedrängt. Noch dazu ist sie ein Magnet – die anderen Hunde, insbesondere Rüden, sind schnell angetan von ihr und scharen sich dann schnell mal um sie. Auch mit dieser Aufmerksamkeit hat sie keine Probleme und weiß gut damit umzugehen. Sie ist in dem Bereich sehr mutig und kann gute und faire Grenzen setzen. Sie trägt dem begrenzten Hund sein „Fehlverhalten" nicht lange nach und kann sofort wieder in ihrer Stimmung umschlagen. Keks dagegen hat große Mühe mit fremden Hundekontakten. Er ist nicht schüchtern und kann durchaus mutig an die Gruppe herantreten, allerdings beschäftigt er sich so gut wie gar nicht mit den Fremden – außer die anderen Hunde initiieren den Kontakt. Lieber läuft er weiter seinen Weg und geht seinen Bedürfnissen nach. Auch die Spielaufforderungen lässt er eher an sich abprallen und ist zurückhaltender. Deutliche Grenzen und das Nachtragen von dem Überschreiten seiner Grenzen lassen ihn dann unfair wirken. Der Kontakt mit Hunden kostet ihn viel Energie und im Gegensatz zu Knöpfchen, die dann gern noch „eine Runde und noch eine Runde" toben würde, möchte Keks sich zurückziehen.

1

2

Zwei Welten treffen aufeinander

1. Knöpfchen motiviert Keks zum Spiel.
2. Keks kann ein richtig harter Brocken sein.

MERKMAL-BESCHREIBUNGEN „EXTRAVERSION“

stark ausgeprägt	schwach ausgeprägt
ist kontaktfreudig und fröhlich	ist eher zurückhaltend
hat viele Hundefreunde	„braucht“ keinen Kontakt zu anderen Hunden
geht offen auf Fremde zu	ist vorsichtig und eher zurückhaltend im Kontakt mit Fremden
ist aktiv und manchmal auch ruhelos	ist eher in sich gekehrt und ruhig
bezieht Energie aus Kontakt mit anderen	zieht sich des Öfteren zurück
selbstbewusst, lebenslustig	ruhig
ungestüm, clownhaft	still
	reserviert
	schüchtern
Rassebeispiele mit hohem Wert auf dem Merkmal: Labrador Retriever, Golden Retriever, Schäferhund, Chihuahua, Boxer	Rassebeispiele mit niedrigem Wert auf dem Merkmal: Mops, Deutsche Dogge, Weimaraner, Nederlandse Kooikerhondje, Cane Corso Italiano

Eine feste Bindung vermittelt Introvertierten Sicherheit.

Stärken	Schwächen
Konzentriert Der Hund kann sich gut auf etwas konzentrieren. Auch auf Aufgaben, die er ganz allein lösen muss (Buddeln, Intelligenzspielzeuge, Tüfteln etc.).	**Still** Der Hund zieht sich oft zurück und nimmt an Aktivitäten wenig teil.
Beobachtend Der Hund kann sich leichter von Reizen abgrenzen und auch mal nur von außen beobachten.	**Zurückhaltend** Der Hund geht nur schwer aus sich heraus, zeigt weniger deutlich positive Gefühle und ist teilweise schwer zu begeistern.
Zurückhaltend Der Hund ist unaufdringlich und lässt anderen ihren Freiraum.	**Hilflos** Der Hund macht zu wenig auf seine Bedürfnisse aufmerksam und ergreift nur selten die Initiative.
Vorsichtig Der Hund lässt sich nicht so leicht durch Belohnungen locken.	**Schüchtern** (in Kombination mit niedriger emotionaler Stabilität) Der Hund hat Probleme im Kontakt mit anderen Hunden.
Ruhig Der Hund kann still sein und neigt nicht zu aufgeregtem Verhalten.	

DIE INTROVERTIERTEN

Hunde mit einem negativen Wert auf dem Charaktermerkmal Extraversion sind eher introvertiert. Sie zeigen sich stiller und zurückhaltender, was aber nicht bedeutet, dass sie schüchtern sind. Sie können sehr souverän mit anderen Hunden umgehen oder auch ein geachtetes Mitglied innerhalb einer Hundegruppe sein. Was sie auszeichnet, ist, dass sie weniger Bedürfnis nach Kontakt zu Sozialpartnern außerhalb der eigenen Familie haben. In Gruppen neigen sie zum passiven Beobachten oder beschäftigen sich mit anderen Dingen (Schnuppern etc.), während die anderen den Kontakt zueinander suchen, rennen oder toben.

Zu viele Reize ermüden sie

Der Drang nach Aktivität und die durch Geselligkeit ausgelösten Glücksgefühle sind niedriger. Reizvolle Umgebungen und ständige soziale Aktivität ermüden sie, weswegen sie ihre Energie in Ruhe wieder aufladen möchten – sie ziehen sich dann zurück. Können sie dies nicht oder werden an ihrem Rückzugsort „genervt“, kann es sein, dass sie gereizt reagieren.

Sie verbringen ihre Zeit am liebsten mit den eigenen Leuten oder mit wenigen ausgewählten Sozialpartnern und sind damit absolut zufrieden. Sie brauchen grundsätzlich länger, um sich an neue Bekanntschaften zu gewöhnen.

Stimmungen werden nur subtil gezeigt

Introvertierte Hunde gehen nicht offen mit ihren Emotionen um, es kann also gut sein, dass das extravertierte Gegenüber verpasst, wie sich die Stimmung des Hundes verändert. Es könnte daher sein, dass der Hund eine Grenzüberschreitung nur subtil mit dem Anheben einer Lefze beantwortet. Wird das übersehen, reagiert der introvertierte Hund möglicherweise deutlich schärfer, als es sein müsste. Der extravertierte Partner wird in diesem Moment eher verdutzt reagieren, da er es eher gewöhnt ist, seine Emotionen deutlicher und offener zu kommunizieren.

Aus der Praxis

Hoomer, der Kontrollfreak

Hoomer ist ein weißer Malteser, der mit vier anderen Hunden lebt. Er ist mittlerweile schon ein Senior und hat ein paar körperliche Einschränkungen.

Als ich ihn kennenlernte, behielt ich Hoomer etwas genauer im Auge. Bei meinem ersten Hausbesuch bei den Haltern bestand die Gruppe nur aus den zwei Seniorenhunden, die aber in Bälde Zuwachs aus dem Tierschutz bekommen sollten. Der Termin war also eher eine Beratung zur Zusammenführung der Hunde und wie man mit dem Angsthund, der einziehen sollte, umgehen sollte. Hoomer war nicht recht begeistert von mir. Die Labradorhündin hatte sich offenkundig über mich gefreut und sich nach kurzer Zeit auf den Rücken vor mich geworfen, um mich zum Bauchkraulen zu gewinnen. Hoomer behielt mich anfangs aus sicherer Entfernung im Auge. Nach kurzer Zeit kam er neben mich auf das Sofa gehüpft und legte sich direkt an meine Seite. Dies tat er nicht etwa, weil er der Meinung war, ich sei so ein unfassbar netter Mensch, nein, seine Intention war Kontrolle. Er wollte den Eindringling, also mich, im Blick und sogar im Körperkontakt halten, sodass er jeden falschen Wimpernschlag von mir mitbekommen würde und dann auch entsprechend, unter Einsatz seines Lebens, in die Auseinandersetzung mit mir gehen würde, sofern es denn nötig wäre. Natürlich sind viele Malteser und ihre Egos davon überzeugt, dass sie einen solchen Kampf haushoch gewinnen würden ...

Hoomer nimmt seinen Job ernst

Für ihn hatte der Besuch also nichts mit einer schönen Zerstreuung zu tun, sondern es war Arbeit für ihn.

Nach mehreren Malen hatte sich Hoomer immer mehr daran gewöhnt, dass ich wieder kam und so stellte ich im Laufe der Zeit für ihn und seine Welt keine größere Gefahr mehr dar. Nun waren auch die beiden Tierschutzhunde eingezogen und die Trainingseinheiten bezogen sich eher auf sie. Sobald ich kam und Hoomer mir noch einmal durch ein Brummen und Bellen klargemacht hatte, dass er immer noch bereit wäre, sich mit mir im Morgengrauen auf ein Duell zu treffen, verschwand er dann im oberen Stockwerk und ließ den Trubel der anderen Hunde und des Besuchs hinter sich. Er braucht jetzt mehr Ruhe – zum einen aufgrund seines Alters, aber auch durch die größere Truppe im Haus. So wie ich es mir vorstelle, fragt er mindestens einmal am Tag seine Halter – zumindest durch seinen vorwurfsvollen Blick – wann denn die ganzen neuen Hunde endlich wieder abgeholt werden. Zu ihrer aller Glück, wird das natürlich nicht passieren.

Hoomer ist ein eher introvertierter Hund, der andere Hunde gern auf Distanz hält.

DIE EXTRAVERTIERTEN

Hunde mit einem hohen Wert beim Merkmal Extraversion zeigen sich selbstbewusst, gesellig, aktiv und fühlen sich in großen Gruppen wohl. Sie gehen bewusst in Gruppen hinein und haben kein Problem damit, im Mittelpunkt des Geschehens zu stehen. Auch können sie andere Hunde zur Aktivität auffordern und immer wieder Spiele anzetteln. Wörtlich übersetzt besitzen extravertierte Hunde eine „nach außen gewandte Haltung". Sie sind offen und aufgeschlossen, genießen die Nähe zu anderen und kommunizieren gern. Ihre positive Stimmung ist ansteckend und sie initiieren gern Kontakt. Um ihre Ziele zu erreichen, gehen sie auch mal Risiken ein.

Für alles bereit!

Müssen sie durch einen Zaun klettern, um an den begehrten Bach zu kommen, na klar! Müssten sie sich mit dem groß gewachsenen Rüden anlegen, um das spannende Spielzeug zu stibitzen, auf jeden Fall! Extravertierte Hunde haben ein höheres Energielevel: Sie suchen aktiv nach Stimulation, aufregenden und abenteuerlichen Aktivitäten, machen nur selten Ruhepausen und scheinen durch diese Aufregung erst richtig Energie zu bekommen. So sind diese Hunde auch nach einem langen Spaziergang fit, um mit einem Kumpel über die Felder zu tollen. Extravertierte Hunde zeigen einen Drang nach Belohnung – sie sind schnell zu begeistern und lassen sich einfacher motivieren.

Stimmungen zu erkennen,
ist bei extravertierten Hunden einfacher.

Stärken	Schwächen
Everybody's Darling Der Hund kann problemlos auf andere zugehen, dadurch neue Kontakte und Freundschaften aufbauen.	**Leichtsinnig** Der Hund lässt sich möglicherweise zu leicht von Belohnungen und Reizen locken.
Kontaktfreudig Der Hund verbringt gern viel Zeit mit seinen Sozialpartnern.	**Unruhig** Der Hund kann ein hohes Energielevel und Drang nach Aktivität haben und damit andere überfordern. Er kann nicht für längere Zeit unangesprochen sein oder allein arbeiten.
Sonnenschein Der Hund zeigt gern seine positiven Emotionen, kann andere aufheitern und begeistern.	**Aufdringlich** Der Hund will immer in der ersten Reihe stehen oder Aktivität initiieren.
Aktiv Der Hund hat ein hohes Energielevel, sucht bewusst nach Aktivitäten, Belohnungen und Aufregung.	**Ungestüm** Der Hund ist aufgeregt im Kontakt und neigt zum Anspringen oder „Auf-den-Schoß-Klettern".
Initiator Der Hund initiiert gern Aktivität mit anderen.	

Aus der Praxis

„Miss Sunshine“ Missy

Missy, die junge Boxerhündin, ist ein echter Sonnenschein. Sie geht „mit offenen Armen“ auf die Welt zu und gibt jedem, der ihr entgegenkommt, einen Vertrauensvorschuss.

Man hat das Gefühl, sie hätte noch nie eine schlechte Erfahrung mit Sozialpartnern gemacht. Sie lässt sich treiben und fliegt auf den Regenbögen und Sonnenstrahlen ihrer extravertierten Natur nur so von Wolke zu Wolke.
Sie springt beim Spaziergang freudig neben ihren Menschen umher und freut sich unglaublich über jede Aufmerksamkeit oder Ansprache, die man ihr schenkt. Wie eine Sammlerin der guten Laune versprüht sie diese auch. Eine echte kleine Frohnatur ... Bestimmt kommt sie aus dem Rheinland.

1

2

Sonne im Herzen

1. Auch Boxerhündin Daya ist eine Frohnatur ...

2. ... und bringt ihre Bezugsperson immer wieder zum Lachen.

DIE GOLDENE MITTE: „ANPASSUNGSFÄHIGE AMBIVERTIERTE"

Ambivertierte Körpersprache

1. Vorne aufmerksam, hinten zurückhaltend.

2. Bei Hundehalterin Tine fühlt sich Miro am wohlsten.

Die Hunde mit einer Balance in der Ausprägung sind eher ruhiger im Kontakt nach außen und fühlen sich am wohlsten mit ihren bekannten Sozialpartnern – da können sie auch mal richtig aus sich herausgehen. Manchmal können sie etwas geselliger sein und haben hin und wieder eine „nach außen gewandte Haltung". Bei ihren Hundefreunden mögen sie gern Nähe und lassen sich dort durch deren positive Stimmung anstecken und zu Spielen oder gemeinsamen Aktivitäten motivieren. In einer Gruppe mit neuen Kontakten sind sie anpassungsfähig und können zwischen zurückhaltend und offen wechseln. Risiken werden abgewägt und das Ziel muss groß sein, damit Risiken eingegangen werden.

Manche Vertreter dieses Merkmals können aufgrund unterschiedlicher Ausprägungen ihre positiven Gefühle zwar deutlicher zeigen, sich aber trotzdem eher im Hintergrund halten. Oder sie haben beispielsweise ein höheres Bedürfnis nach Aufregung, aber keines nach Geselligkeit oder andersherum. Diese Gegensätze können sich aufgrund von Ereignissen oder Erlebnissen unterschiedlich entwickeln.

1

2

Verträglichkeit

Dieses Merkmal verrät, welchen Stellenwert Harmonie und Konflikt in der Persönlichkeit des Hundes hat. Wie wichtig ist es, den eigenen Standpunkt durchzusetzen oder sich kooperativ zu zeigen?

MISSTRAUISCHE HUNDE

Hier können verschiedene Ausprägungen beobachtet werden und damit ergibt sich auch der unterschiedliche Umgang der Hunde mit Konfliktsituationen. Keks ist unnachgiebig und scheut keinen Konflikt. Ihm ist es sehr wichtig, seine Interessen zu kommunizieren und im Zweifel auch durchzusetzen. Dabei kommt es dann mitunter zu Aggressionsverhalten. Er ist besonders misstrauisch, wenn er sich mit einer Kaustange befasst. Jegliche Bewegung von Knöpfchen, die auch nur zufällig in seine unmittelbare Nähe gerichtet ist, wird zunächst durch Drohfixieren und schließlich durch Knurren oder Luftschnappen beantwortet. Auch lässt er sich im Kontakt mit fremden Hunden nicht die „Butter vom Brot" klauen. Er besteht auf seinem Standpunkt, selbst wenn dieser nur bedeutet: „Nein, hier schnuppere ich jetzt." Kommt ihm ein fremder Artgenosse dann zu nah, kann es dazu kommen, dass er dies entsprechend beantwortet.

AUFGESCHLOSSENE HUNDE

Im Gegensatz dazu ist Knöpfchen wesentlich harmonischer. Klar würde auch sie eine Kaustange verteidigen, bei Weitem aber nicht so pedantisch. Im Kontakt mit fremden Hunden agiert sie als Streitschlichterin. Durch ihre offene und herzliche Art geht sie bewusst zu den Streithähnen und muss nur ein paar Mal übertrieben vor ihnen herumhüpfen und schon hat sie deren Aufmerksamkeit. Selbst wenn sie einen Hund einschränkt, also ihm körpersprachlich den Weg abschneidet, endet es meist immer mit einer freundlichen und offenen Geste, sobald der Hund die Einschränkung akzeptiert. Man könnte ihr eine hohe emotionale Intelligenz unterstellen, die mit der hohen Verträglichkeit einhergeht.

Durch ihre Art wirkt Knöpfchen heilsam für Hunde mit schlechten Erfahrungen.

VERTRÄGLICHKEIT GEGENÜBER MENSCHEN

Das Merkmal bezieht sich nicht nur auf die Interaktion zwischen Hunden, es zeigt sich auch in der Beziehung zu Menschen. Keks ist im Kontakt mit Menschen stets freundlich und aufgeschlossen, allerdings schätzt er am meisten den Nutzen, den ein Kontakt verspricht, sei es nun Futter oder Streicheleinheiten. Seine Zuneigung drückt er oft durch bloße räumliche Nähe aus, ohne unbedingt nach direktem Körperkontakt zu suchen. Er zeigt mehr Interesse, wenn er einen klaren Vorteil sieht.

Knöpfchen hingegen zeigt ihre Zuneigung auf eine offensivere Art und Weise. Und zwar sucht sie gezielt die Nähe zu Menschen und zeigt sogar Pflegeverhalten. Sie ist besorgt, wenn ein Spiel zu grob wird und versucht durch Lecken die „Schmerzen" zu lindern. Es ist schwer, an ihr vorbeizugehen, ohne ihren präsentierten Bauch zu streicheln. Ihr Verhalten ist leicht und unbeschwert, ohne verborgene Motive.

MERKMAL-BESCHREIBUNG „VERTRÄGLICHKEIT“

stark ausgeprägt	schwach ausgeprägt
ist nachgiebig und freundlich	geht in Konflikte
geht Konflikten eher aus dem Weg oder schlichtet sogar	diskutiert seine Interessen aus
vertraut schnell anderen	besteht auf seinen Standpunkt
ist rücksichtsvoll	ist unnachgiebig und misstrauisch
nett	Harmonie ist nicht so wichtig
zutraulich	
sanftmütig	
anhänglich	
geduldig	

Rassebeispiele mit hohem Wert auf dem Merkmal: Labrador Retriever, Boxer, Beagle, Mops, Havaneser, Deutsche Dogge, Dalmatiner, English Cocker Spaniel, Shetland Sheepdog, Lagotto Romagnolo, Irish Red Setter, Welsh Corgi Pembroke, Malteser

DIE TEAMPLAYER

Hunde mit einer deutlichen Ausprägung auf dem Merkmal Verträglichkeit zeigen eine große Kooperationsbereitschaft. Sie haben eine positive Einstellung anderen gegenüber und können schnell Vertrauen fassen. Grundsätzlich gehen sie erst einmal von guten Absichten aus und interessieren sich für das Wohlergehen der anderen. Sie gehen einem Konflikt eher aus dem Weg – sie würden ihn sogar durch ihre positive Art abmildern können. Im Großen und Ganzen zeigen sie sich harmoniebedürftig. Selbst wenn das Gegenüber sich einmal falsch verhalten hat, sind sie nachsichtig und verzeihen schnell. Sie wirken aufgeschlossen und freundlich. Die Bereitschaft zur Zusammenarbeit ist bei diesen Hunden besonders stark. Sie arbeiten gut im Team, sei es mit Hunden, bei gemeinsamen Aktivitäten mit Menschen oder in anderen Situationen. Ihre positive Einstellung trägt zu einer harmonischen Atmosphäre bei, in der alle gut miteinander auskommen können.

Stärken	Schwächen
Teamplayer Der Hund ist vertrauensvoll, vermeidet Streit und sorgt aktiv für ein friedliches Miteinander.	**Vertrauensselig** Der Hund vertraut anderen zu schnell und verzeiht negatives Verhalten möglicherweise zu schnell.
Mitfühlend Der Hund kann sich gut in die Gefühle anderer hineinversetzen und reagiert auf Stimmungen.	**Selbstlos** Der Hund stellt seine eigenen Interessen zu sehr in den Hintergrund.
Rücksichtsvoll Der Hund geht achtsam und aufmerksam mit anderen um.	**Unkritisch** Der Hund macht nicht auf Fehler und Fehlverhalten aufmerksam, akzeptiert Grenzüberschreitungen.
Diplomatisch Der Hund vermittelt, gibt nach und ist kompromissbereit.	

Mit dem besten Freund ausgelassen spielen!

1. Kátya und Freddy sind miteinander sehr verträglich, …

2. … da wird getobt und gerauft!

1

2

Aus der Praxis

Fina, die Harmonische

Fina kommt aus dem Tierschutz. Deklariert war sie als Angsthündin und deshalb haben mich die künftigen Halter für die Vorbereitung der Zusammenführung mit den anderen Hunden angefragt.

Nachdem die hübsche schwarze Hündin eingezogen war und sich ihre anfängliche Unsicherheit mit ihren Haltern gelegt hatte, zeigte sich diese wunderbar weiche Hündin. In meiner bisherigen Laufbahn habe ich noch keinen Hund kennengelernt, der seine natürliche Verträglichkeit so offen zur Schau trägt. Sie geht auf jeden offen, freundlich und langsam zu. Sie lässt also dem Gegenüber Zeit, sie einzuschätzen, und zeigt dabei deutlich, dass sie sich ehrlich freut, die Bekanntschaft zu machen, und dass sie für den Besuch keinerlei Gefahr darstellt. Zu Beginn zeigt Fina aufgrund ihrer früheren Erfahrungen im Umgang mit Menschen eine gewisse vorsichtige Zurückhaltung. Aber ihr überaus sanfter Kern kommt schnell zum Vorschein.

Lotte zeigt sich sehr verträglich mit ihren Menschen.

Eine gutmütige Seele

Mit Hunden ist sie sehr harmonisch im Kontakt, sie lässt sich die Kaustange aus dem Maul klauen und zeigt dabei überhaupt keine Aggression. Aus ihrer Vorgeschichte ist bekannt, dass sie bereits Welpen hatte, und man hat bei ihr ein wenig das Gefühl, sie verhält sich mütterlich liebevoll mit den Sozialpartnern in ihrem Umfeld.

Worauf sie sehr reagiert, ist Stimmung. Spürt sie, dass ihre Menschen gestresst sind oder herrscht eine konfliktgeladene Atmosphäre, verzieht sie sich schnell auf ihren Platz und verhält sich ganz still. Bloß nicht auffallen, wenn schlechte Stimmung herrscht. Noch dazu lässt sie sich von der jungen Hündin in der Geruppe schikanieren. Sie erträgt mit Fassung jeden spielerisch gemeinten Biss in die Hinterbeine und lässt sich „ohne Widerworte" von dem Jungspund zur Seite drängen. Bis sie mal eine Grenze setzt, vergeht viel Zeit. Ihre Reizschwelle ist ausgesprochen hoch.

DIE EINZELKÄMPFER

Hunde mit einer negativen Ausprägung auf dem Charaktermerkmal Verträglichkeit sind zunächst skeptisch und misstrauisch gegenüber anderen. Sie vermuten schlechte Absichten und vertrauen deshalb nur sehr langsam. Sie sind eher auf Konfrontationskurs und scheuen auch keine Konfliktsituation.
Die eigenen Bedürfnisse haben einen hohen Stellenwert, werden kommuniziert und zudem klar durchgesetzt.
Sie sind eher misstrauisch-konkurrierend, eigensinnig und unnachgiebig. Solche Hunde verzeihen negatives Verhalten nur langsam oder meiden den Sozialpartner dann eventuell auch länger oder gänzlich. Einen Kompromiss gehen sie nur sehr ungern ein und nachgeben wollen sie meist überhaupt nicht.
Im Kontakt mit anderen Hunden sind sie gut darin, ihren Standpunkt durchzusetzen und andere auf Grenzüberschreitungen aufmerksam zu machen.

Stärken	Schwächen
Verteidiger Der Hund kann seinen Standpunkt schützen und Rechte und Interessen hartnäckig vertreten.	**Rücksichtslos** Der Hund nimmt keine Rücksicht auf andere.
Erfolgsorientiert Der Hund macht das, was sich am meisten für ihn loht.	**Kämpfer** Der Hund sucht oft Konflikte und Konfrontation, statt auszuweichen und nachzugeben.
Kritisch Dem Hund fallen Fehlverhalten anderer auf - er korrigiert sie dann auch.	**Überkritisch** Der Hund bemerkt die „Fehler“ und Grenzüberschreitungen der anderen und korrigiert sie.
Wachsam Der Hund bemerkt negative Absichten von anderen.	

Keks gehört zu den Einzelkämpfern.

DIE GOLDENE MITTE: „NICHT SO SCHNELL KLEIN BEIGEBEN“

Hunde, die einen Mittelwert auf dem Charaktermerkmal Verträglichkeit haben, sind erst einmal skeptisch gegenüber Fremden, können dann aber auch auftauen. Sie suchen nicht bewusst nach Streit und würden in der Regel selbst keinen Konflikt anzetteln – würden sich dem aber stellen, falls sie müssen und falls ihre Beschwichtigung nicht funktioniert.
Sie können anderen Sozialpartnern nach kurzer Kennenlernphase vertrauen und dann über negatives Verhalten hinwegsehen. Sie schlagen vielleicht auch mal einen Kompromiss vor, anstatt sich an die aufgesetzte Regel zu halten. Sie wirken aufgeschlossen und freundlich.

Aus der Praxis

Cookie – allein gegen den Rest der Welt

Cookie, wir kennen ihn schon vom Merkmal Gewissenhaftigkeit (siehe S. 40), ist zusätzlich noch ein echter Einzelkämpfer. Wie bereits erwähnt, genoss er den ersten Teil seines Lebens als Einzelhund, bis die Halter den Eindruck hatten, ein zweiter Hund würde ihm guttun. Weit gefehlt, nach seiner Meinung.

Plötzlich Zweithund

Er kann überhaupt nicht verstehen, welchen Sinn der zweite Hund in seinem Zuhause hat, außer, dass er ihm gehörig auf die Nerven geht. Nun muss Cookie sich damit abfinden, dass sein Lieblingsplatz hin und wieder belegt ist und seine Laune verschlechtert sich dann zusehends, wenn sein Mensch diesen Affront nicht augenblicklich für ihn in Ordnung bringt. Generell ist er nicht groß an dem Kontakt mit dem anderen Hund interessiert. Für erfolgreiche Spielaufforderungen müssen viele Faktoren für ihn stimmen: Die Laune muss gut sein, der andere Hund darf dabei nicht zu wild sein, das Frühstück muss geschmeckt haben, es darf kein abnehmender Mond sein und die Luftfeuchtigkeit darf nicht über 68,5 % liegen.

Nicht jeder Hund spielt gern.

Schnell gereizt

Andernfalls kann er sehr grantig werden, wenn der auffordernde Hund ihn doch versehentlich an der falschen Stelle anstupst. Sein Körbchen zu teilen, würde ihm nicht im Traum einfallen, und wenn der andere Hund auch nur schräg in seine Richtung schielt, geht bei ihm bereits der rote Alarm los und die erste subtile Drohgeste (Anspannen der Muskulatur) wird gezeigt. Für ihn ist es auch völlig unverständlich, dass der andere Hund seine feinen und subtilen Warnungen nicht wahrnimmt und man hat das Gefühl, er nimmt dies dann direkt persönlich, überspringt einige Eskalationsstufen und reagiert sofort mit körperlicher Korrektur. Ein Schelm würde jetzt vermuten, er nütze solche Situationen aus, um ein wenig Dampf abzulassen.

Fremde Hunde

Im Kontakt mit fremden Hunden ist es noch schwieriger für ihn. Er kann das wilde Toben sowieso nicht nachvollziehen und stoppt jeden Versuch der freundlichen Kontaktaufnahme überaus deutlich mit Luftschnappern und bedrohlichen Lautäußerungen. Eigentlich möchte er nur seine Ruhe haben. Würde man ihn (noch mehr) vermenschlichen, wäre er der grantige Einsiedler, der abgelegen im Wald haust und jeden, der vorbeiläuft, wüst mit Beschimpfungen und Flüchen belegt. Aber dieses Schicksal ist dem kleinen Miesepeter nicht vergönnt.

Emotionale Stabilität

Stress ist Bestandteil unseres Lebens. Es gibt Stress, der als „gut" wahrgenommen wird, und Stress, der als „schlecht" erlebt wird. Auch unsere Hunde erleben tagtäglich Stress und das Charaktermerkmal „emotionale Stabilität" ist der Messwert, wie sie damit umgehen.

Für jeden Menschen ist die Definition von Stress eine andere und manch einer braucht sogar einen gewissen „Stress", um seine Aufgaben termingerecht zu erledigen. Auch hier möchte ich wieder meine beiden Hunde als Beispiel nutzen. Wir werden hier nicht auf eventuelle Traumata eingehen, sondern schauen besonders auf die emotionale Stabilität innerhalb der Sicherheitszone der Hunde.

DER UMGANG MIT STRESS

Keks' Umgang mit Stress und negativen Gefühlen ist durchwachsen. Er braucht lange, um sich von Erlebnissen außerhalb seines Komfortbereichs zu erholen. Nach einem stressigen Erlebnis stecken ihm diese negativen Emotionen noch lange in den Knochen. Das zeigt sich durch ein ausgeprägtes Ruhebedürfnis. Er zeigt Nervosität (aufgrund seiner Introvertiertheit allerdings eher subtil) durch Stresssymptome und Übersprungshandlungen. So kann es sein, dass er urplötzlich einen Haufen Haare verliert, wenn er im Tierarzt-Wartebereich sitzt. Oder er bekommt eine Magen-Darm-Verstimmung, wenn ihn am Tag vorher etwas überfordert hat. Grundsätzlich zeigt sich Keks – insbesondere im Kontakt mit anderen Hunden – schnell gereizt, dann kann es auch mal sein, dass er übermäßig scharf auf Grenzüberschreitungen reagiert. Knöpfchen dagegen kann mit Stress deutlich besser umgehen. Aufgrund ihrer Vorgeschichte gibt es vieles, das ihr Angst macht oder sie verunsichert. Aber sie kann sich innerhalb von kurzer Zeit wieder erholen. Ihre große Offenheit für Neues und ihre Extravertiertheit helfen ihr zusätzlich im Umgang mit diesen Emotionen. Sie ist in vielen Bereichen sehr mutig und ihre innere Stärke, ihre Unempfindlichkeit machen sie aus und haben sie auch dabei unterstützt, ihren nicht so ganz perfekten Lebensstart gut zu verarbeiten.

DIE UNERSCHÜTTERLICHEN

Hunde, die eine hohe Ausprägung auf dem Merkmal emotionale Stabilität haben, reagieren weniger empfindlich auf Stress. Das heißt, auch wenn sie ein negatives Erlebnis haben, erholen sie sich davon sicher und relativ schnell. Solche Hunde sind selbstsicher und souverän im Umgang mit anderen. Sie wissen sich selbst und andere einzuschätzen und können gut mit deren Verhalten umgehen. Sie haben eine hohe Reizschwelle – sozusagen eine „dicke Haut" – und sind emotional widerstandsfähiger.

MERKMAL-BESCHREIBUNG „EMOTIONALE STABILITÄT“

stark ausgeprägt		schwach ausgeprägt
ist mutig und zeigt selten Ängste ist nicht leicht aus der Fassung zu bringen erholt sich schnell von stressigen Situationen wirkt ruhig	geht souverän mit Konflikten um widerstandsfähig ausgeglichen furchtlos	zeigt sich häufig verunsichert und ängstlich wirkt schnell gereizt braucht lange, um Stress zu verarbeiten negative Situationen hallen lange nach schüchtern

Rassebeispiele mit hohem Wert auf dem Merkmal: Deutscher Schäferhund, Yorkshire Terrier, Boxer, Rottweiler, Dobermann, Deutsch Kurzhaar, West Highland White Terrier, Briard, American Pit Bull Terrier, Cane Corso Italiano, Malteser

Frustrationstoleranz

Auch gegen Frust haben solche Hunde eine höhere Toleranz – sie können es gut aushalten, wenn sie nicht das bekommen, was sie wollen, und haken diese Situationen für sich dann schnell ab. Im Kontakt mit anderen dauert es lange, bis das „Fass überläuft“. Sie nehmen Grenzüberschreitungen und Fehlverhalten der anderen nicht übel und sind keinesfalls nachtragend. Sie können sehr schnell zwischen Korrektur und Freundlichkeit wechseln – ihre Stimmungen bleiben davon unbeeindruckt. In gefährlichen Situationen bleiben sie eher ruhig und gelassen, wodurch sie Gefahren und Probleme aber durchaus auch unterschätzen können. Sie können auch nicht unbedingt gut auf andere eingehen und verstehen nicht, wenn diese sich unsicher oder ängstlich fühlen. So kann es sein, dass der emotional stabile Hund den weniger stabilen, der gerade eine für ihn schwierige Situation durchgestanden hat, ständig zum Spiel oder zum Toben auffordert oder sogar das für ihn unverständlich ängstliche Verhalten korrigiert.

Stärken	Schwächen
Unempfindlich Der Hund lässt Probleme, Stress und Ängste nicht so sehr an sich heran.	**Leichtsinnig** Der Hund hat wenig Sinn für Gefahr und erkennt Risiken nicht oder erst spät.
Gelassen Der Hund bleibt gelassen, egal, was um ihn herum gerade passiert.	**Unempathisch** Der Hund kann bei anderen nur schlecht Unsicherheit oder Ängstlichkeit erkennen.
Selbstbewusst Der Hund geht selbstsicher mit anderen um.	
Mutig Der Hund begibt sich in risikoreiche Situationen.	
Souverän Der Hund verhält sich anderen gegenüber sicher und unbeeindruckt.	

Aus der Praxis

Lotte – mutig, aber mit Vorsicht zu genießen

Lotte ist eine mutige Hündin. Sie hat große Freude an Abenteuern und stellt sich auch mal gern ihren Ängsten. Man könnte sie von außen betrachtet als sorgenfrei bezeichnen. Natürlich hat auch diese Sorgenfreiheit Grenzen.

Laute Geräusche, so zum Beispiel Gewitter, rütteln an ihrem schier grenzenlosen Mut. Aber was sie bei alldem noch auszeichnet, ist ihre Resilienz, also ihre Fähigkeit, schwierige Situationen ohne Beeinträchtigung zu überstehen. Sobald das Geräusch verschwindet oder das Gewitter vorbeizieht, ist sie ganz die Alte. Innerhalb von Sekunden und einem Schütteln später kann sich das zitternde Häufchen Elend wieder in die mutige und furchtlose Hündin verwandeln, die sie eigentlich ist. Ihre Halterin war sich unsicher, wie sie mit den Momenten umgehen soll, in denen Lotte sich ängstlich zeigt. Das war schnell gelöst. Lotte kommt bei jedem gruseligen Geräusch zu ihrem Frauchen und holt sich dort von außen die emotionale Stabilität. Sie sucht Schutz, bekommt sie und kann sich dann, trotz anhaltendem Gewitter, recht gut entspannen.

Ein Traumhund?

Jetzt mag man meinen, dass ein solcher Hund wirklich der Traum eines jeden Halters wäre. In vielen Fällen bestimmt, aber Lotte zeigt sich hin und wieder aggressiv gegenüber Menschen, insbesondere Männern und kleinen Kindern, die sie aus ihrer ersten Lebenshälfte nicht ausreichend als neutral erlebt hat. Ihre große emotionale Stabilität lässt sie in solchen Situationen nicht so einfach davon abhalten, ihren Mut unter Beweis zu stellen. Sie geht dann nach vorn. Eine so mutige, stabile Hündin ist mit einem solchen Verhalten tatsächlich nicht zu unterschätzen. Sie ist sich in ihren Entscheidungen sehr sicher und das Tröpfchen Unsicherheit, das es im Leben dann vielleicht mal braucht, um einen anderen Weg auszuprobieren, würde dieser stolzen Hündin nicht in den Sinn kommen. Für Sparta!

Mut und Stärke, gepaart mit Herausforderungen.

DIE HASENPFOTEN

Hunde mit einer negativen Ausprägung auf dem Merkmal „emotionale Stabilität" haben sozusagen eine „dünnere Haut". Sie können sensibel sein und wirken weniger stabil in ihrer Stimmungslage oder sie sind oft unsicher und nervös. Sie haben mehr Ängste als andere. Auf Stress reagieren sie sensibel und zeigen sich dann besorgt und angespannt.
Es kann sogar sein, dass sie empfindlicher auf Schmerzen reagieren. Frust halten sie nicht gut aus, sie können gereizt oder zornig wirken, wenn sie nicht bekommen, was sie wollen.
Es kann sein, dass sie auf Situationen, die ihnen Geduld abverlangen, mit Bellen, Winseln oder sogar Ansätzen der Aggression reagieren. Teilweise auch Autoaggression (gegen sich selbst gerichtet). Beispiele: Pfotenlecken, Schwanzjagen etc. Sie zeigen vermehrt Übersprungshandlungen, wenn es ihnen schwerfällt, ihre Bedürfnisse zu kontrollieren.
Bei einer starken negativen Ausprägung finden sich Zusammenhänge mit Depressionen und Angststörungen. Oftmals haben diese Hunde auch körperliche Symptome, die sich dann zum Beispiel in Durchfall oder in Schmerzen äußern.

Stärken	Schwächen
Bedächtig Der Hund ist vorsichtig gegenüber möglichen Problemen und Gefahren.	**Empfindlich** Der Hund ist schnell überfordert, überreizt oder frustriert.
	Ängstlich Der Hund hat viele Ängste und sieht selbst in Kleinigkeiten eine Bedrohung.
	Depressiv Der Hund neigt zu negativen Emotionen.
	Unsicher Der Hund weiß sich nicht zu helfen, hat keine Lösungen griffbereit.

1

2

Hohe Sensibilität und niedrige Stabilität

1. Bellen kann eine Übersprungshandlung sein.
2. Hasenpfoten neigen zu Ängstlichkeit und Unsicherheit.

Aus der Praxis

Elfi, oder wenn Kontrolle zu Stress führt

Elfi ist eine Französische Bulldogge, die die Sorgen der Welt auf ihren Schultern trägt. Die Familie hat Zuwachs bekommen und seitdem ist die Hündin ständig in großer Sorge, der Himmel würde allen auf den Kopf fallen.

Dieses Verhalten äußert sich durch Kontrollieren und Beschützen der Familienmitglieder gegenüber Besuch und auf dem Spaziergang auch gegenüber anderen Hunden. Beim Besuch zeigt sich das eher subtil, denn Elfi ist eine herzliche und freundliche Hündin, die ihren Wunsch nach Kontrolle über Kontaktliegen und ständigen Aufmerksamkeitseinforderungen bei Besuch auslebt. Bei den Spaziergängen muss sie – in ihren Augen – mehr riskieren und schreit, typisch für Französische Bulldoggen, anderen Hunden über die gesamte Straße deutliche Drohungen und Flüche hinüber. Ihre Besorgnis und ihre Ängste kanalisiert sie in Autoaggression. Um sich runterzufahren und mit dem Stress umzugehen, leckt sie exzessiv ihre Pfoten. Die mangelnde emotionale Stabilität und das Übertragen der Verantwortung gegenüber dem „Rudel" durch die Halter – aus Unwissenheit geschehen – machen aus ihr eine furchtsame, nervöse Hündin, die unbedingt Hilfe brauchte. Solche Hunde brauchen von außen – also von ihren Haltern – emotionale Stabilität.

Kátya hat mit autoaggressivem Pfotenlecken zu kämpfen.

DIE GOLDENE MITTE: „TAPFERER BEGLEITER"

Hunde mit der Balance auf dem Merkmal „emotionale Stabilität" sind in vertrauten Situationen meist gelassen und ruhig. Obwohl sie sich anfangs nervös fühlen können, beruhigen sie sich schnell und kehren zur Ruhe zurück. Sie sind nicht unbedingt Kämpfertypen, aber sie zeigen Mut und Entschlossenheit, wenn es nötig ist.
Allerdings haben sie manchmal eine dünnere Haut und sind dann nicht so gut in der Selbstkontrolle. Sie können besorgt wirken, aber sie können sich schnell wieder fangen. Solche Hunde können sich leicht frustriert fühlen und sich darüber ärgern, wenn sie nicht bekommen, was sie wollen. Trotzdem haben sie eine gewisse Frustrationstoleranz, die es ihnen ermöglicht, sich über eine längere Zeit zu engagieren, bevor sie überfordert sind. In gefährlichen Situationen bleiben sie normalerweise ruhig und gelassen, zumindest bis zu einem gewissen Grad. Sie sind keine unerschütterlichen Helden, aber sie zeigen eine gewisse Standhaftigkeit in schwierigen Situationen.

1

2

Die tapferen Begleiter

1. Sie haben eine gewisse Stabilität und zeigen sich selbstsicher, ...

2. ... können aber im nächsten Moment den Mut verlieren.

BIG FIVE-PERSÖNLICH-KEITSTEST FÜR HUNDE

JEDER HUND IST ANDERS

Dein Hund ist besonders.

JETZT GEHT'S LOS!

Teste deinen Hund mit den Fragebögen

Die Fragen zielen nicht auf richtig oder falsch ab, sondern darauf, wie du deinen Hund siehst. Auf mögliche Themen, die euch beschäftigen, und darauf, euch neue Ideen und Ansätze für euer Training und euren Alltag zu geben.

Damit möglichst genaue Ergebnisse erzielt werden können, ist es wichtig, dass du diesen Fragebogen ehrlich beantwortest. Bitte nimm dir ausreichend Zeit und beantworte die Fragen in einer ruhigen und ungestörten Umgebung. Lies jede Frage sorgfältig durch und wähle die Antwort, die am besten auf deinen Hund zutrifft. Vermeide es, die Fragen lange zu überdenken oder zu versuchen, die Ergebnisse zu beeinflussen, es gibt kein Richtig oder Falsch. Habe im Blick, dass es bei der Beantwortung darum geht, häufig vorkommendes Verhalten zu beschreiben. Beachte, dass manches Verhalten ein Hinweis auf Erkrankungen oder körperliche Einschränkungen sein könnte und lass das von deinem Tierarzt abklären.

Die Persönlichkeitsanalyse ist eine Momentaufnahme.

FRAGEBOGEN „OFFENHEIT FÜR ERFAHRUNGEN“

	Trifft voll und ganz zu	Trifft zu	Neutral	Trifft nicht zu	Trifft überhaupt nicht zu
Der Hund ist neugierig und aufgeweckt. Beispiel: Wenn er eine neue Umgebung besucht oder Gegenstände entdeckt, erkundet er sie voller Begeisterung und Energie.	☐ 2	☐ 1	☐ 0	☐ -1	☐ -2
Der Hund hat nur wenig Interesse, neue Sachen zu erforschen. Beispiel: Spielzeug	☐ -2	☐ -1	☐ 0	☐ 1	☐ 2
Der Hund entwickelt eigene Ideen und Lösungen, ist dabei aktiv und kreativ. Beispiel: Er probiert unterschiedliche Strategien aus, um ein Spielzeug oder Futter zu erreichen, das außerhalb seiner Reichweite liegt.	☐ 2	☐ 1	☐ 0	☐ -1	☐ -2
Der Hund geht beim Spaziergang auch mal gern eigene, neue Wege. Beispiel: Er läuft während des Spaziergangs plötzlich in eine andere Richtung, um dort etwas Interessantes zu untersuchen.	☐ 2	☐ 1	☐ 0	☐ -1	☐ -2
Der Hund bevorzugt einen festen Tagesablauf. Beispiel: Er orientiert sich an einem bestimmten Muster oder einer Routine und wird unruhig, wenn sich die Routine ändert.	☐ -2	☐ -1	☐ 0	☐ 1	☐ 2
Der Hund lernt gern neue Dinge und beteiligt sich freudig und aufmerksam an Trainings- oder Lernaktivitäten.	☐ 2	☐ 1	☐ 0	☐ -1	☐ -2

Ergebnis
„Offenheit für Erfahrungen“: ....

FRAGEBOGEN „GEWISSENHAFTIGKEIT“

	Trifft voll und ganz zu	Trifft zu	Neutral	Trifft nicht zu	Trifft überhaupt nicht zu
Der Hund legt Wert auf Regeln, auch auf selbst aufgestellte, und verhält sich stur. Beispiel: Er hat bestimmte Objekte, die er als sein Eigentum betrachtet, die er gegenüber anderen auch verteidigt.	☐ 2	☐ 1	☐ 0	☐ -1	☐ -2
Der Hund geht planvoll und zielstrebig vor. Beispiel: Er kennt den Spazierweg und weiß genau, wo er markieren möchte und führt seine Menschen direkt dorthin.	☐ 2	☐ 1	☐ 0	☐ -1	☐ -2
Der Hund arbeitet ungern (mit) und steigt schnell bei Übungen aus. Beispiel: Er führt Anweisungen nur widerwillig aus und würde lieber schnuppern oder spielen.	☐ -2	☐ -1	☐ 0	☐ 1	☐ 2
Der Hund macht Flüchtigkeitsfehler in für ihn bekannten Übungen oder handelt hin und wieder fahrig und unkonzentriert.	☐ -2	☐ -1	☐ 0	☐ 1	☐ 2
Der Hund lässt sich leicht durch Reize ablenken und steigt schnell aus, auch bei für ihn bekannten Übungen.	☐ -2	☐ -1	☐ 0	☐ 1	☐ 2
Der Hund zeigt Arbeitswillen und macht eifrig bei bekannten Übungen mit.	☐ 2	☐ 1	☐ 0	☐ -1	☐ -2

Ergebnis
„Gewissenhaftigkeit“: ....

FRAGEBOGEN „EXTRAVERSION“

	Trifft voll und ganz zu	Trifft zu	Neutral	Trifft nicht zu	Trifft überhaupt nicht zu
Der Hund ist eher zurückhaltend, still und reserviert.	☐ -2	☐ -1	☐ 0	☐ 1	☐ 2
Der Hund geht auch auf fremde Menschen und/ oder Hunde aufgeschlossen zu.	☐ 2	☐ 1	☐ 0	☐ -1	☐ -2
Der Hund ist eher ein Einzelgänger. Beispiel: Er spielt oder beschäftigt sich nicht so gern mit anderen Hunden. Er ist in sich gekehrt und reserviert und zieht sich lieber zurück, als Teil einer Gruppe zu sein.	☐ -2	☐ -1	☐ 0	☐ 1	☐ 2
Der Hund ist unternehmungslustig, heiter und gern aktiv.	☐ 2	☐ 1	☐ 0	☐ -1	☐ -2
Der Hund zieht sich oft zurück, sucht bewusst seine Ruhe, besonders nach vielen neuen Eindrücken.	☐ -2	☐ -1	☐ 0	☐ 1	☐ 2
Der Hund ist aufgeschlossen, fröhlich und gesellig.	☐ 2	☐ 1	☐ 0	☐ -1	☐ -2

Ergebnis
„Extraversion“: ....

FRAGEBOGEN „VERTRÄGLICHKEIT“

	Trifft voll und ganz zu	Trifft zu	Neutral	Trifft nicht zu	Trifft überhaupt nicht zu
Der Hund verhält sich höflich gegenüber Menschen und ist gut verträglich mit anderen Hunden.	☐ 2	☐ 1	☐ 0	☐ -1	☐ -2
Der Hund zeigt leicht Vertrauen gegenüber anderen Sozialpartnern und ist freundlich, wenn er neue Kontakte knüpft.	☐ 2	☐ 1	☐ 0	☐ -1	☐ -2
Der Hund hat immer mal Zoff mit anderen Hunden.	☐ -2	☐ -1	☐ 0	☐ 1	☐ 2
Der Hund neigt dazu, andere Menschen oder Hunde zu kontrollieren, zu korrigieren bzw. körperlich einzuschränken. Beispiel: Der Hund verfolgt andere Hunde oder Menschen ständig oder versperrt ihnen den Weg, um ihre Bewegungen zu kontrollieren. Er springt Menschen und Hunde an, die sich dynamisch bewegen. Er übernimmt vermeintliche „Erziehungsaufgaben“.	☐ -2	☐ -1	☐ 0	☐ 1	☐ 2
Der Hund lässt jeden und alle an sein Spielzeug (oder andere Ressourcen).	☐ 2	☐ 1	☐ 0	☐ -1	☐ -2
Der Hund reagiert im Freilauf auch mal gereizt im Kontakt mit anderen Hunden. Beispiel: Scheinbar grundlos setzt er „aus dem Nichts“ deutliche Grenzen gegenüber anderen Hunden.	☐ -2	☐ -1	☐ 0	☐ 1	☐ 2

Ergebnis „Verträglichkeit“: ....

FRAGEBOGEN „EMOTIONALE STABILITÄT“

	Trifft voll und ganz zu	Trifft zu	Neutral	Trifft nicht zu	Trifft überhaupt nicht zu
Der Hund wird leicht nervös und unsicher.	☐ -2	☐ -1	☐ 0	☐ 1	☐ 2
Der Hund wirkt hin und wieder phlegmatisch oder in sich gekehrt. Beispiel: Er ist wenig motiviert, etwas zu unternehmen oder sich zu bewegen, und wirkt eher lethargisch.	☐ -2	☐ -1	☐ 0	☐ 1	☐ 2
Der Hund ist mutig, unbeschwert und probiert sich gern aus. Beispiel: Er erkundet neugierig und ohne Angst neue Dinge, wie ungewohnte Geräusche oder Objekte. Er lotet gern seine Grenzen aus, z.B. indem er von sich aus auf erhöhte Plattformen oder über Hindernisse springt.	☐ 2	☐ 1	☐ 0	☐ -1	☐ -2
Der Hund ist entspannt, lässt sich auch durch Stress nicht schnell aus der Ruhe bringen.	☐ 2	☐ 1	☐ 0	☐ -1	☐ -2
Der Hund hat eine innere Fröhlichkeit und Leichtigkeit.	☐ 2	☐ 1	☐ 0	☐ -1	☐ -2
Der Hund ist schnell überfordert, überreizt oder frustriert.	☐ -2	☐ -1	☐ 0	☐ 1	☐ 2

Ergebnis
„Emotionale Stabilität“: ....

Die Auswertung des Fragebogens

Prüfe noch einmal: Konntest du alle Fragen beantworten? Wenn du dir bei einer Frage nicht ganz sicher bist, dann folge deinem ersten Impuls. Oder besprich das mit jemandem, der deinen Hund gut kennt.

Um die Persönlichkeit des Hundes bestimmen zu können, zähle die Zahlen unter den Aussagen zu jedem der fünf Merkmale zusammen. Beachte dabei die Minuszeichen vor den Zahlen – diese Werte werden subtrahiert. Das Ergebnis kannst du dann in die Tabelle eintragen, um eine ungefähre Einschätzung der Persönlichkeit deines Hundes zu dem Zeitpunkt zu erhalten, zu welchem du den Test durchgeführt hast. Es ist wichtig zu beachten, dass diese Einschätzung lediglich eine Momentaufnahme ist und sich die Persönlichkeit deines Hundes im Laufe der Zeit ändern kann. Auch das Verhalten deines Hundes kann in bestimmten Situationen von den Vorhersagen des Tests abweichen. Es ist auch möglich, dass eine andere Bezugsperson, die den Fragebogen für deinen Hund ausfüllt, ein anderes Ergebnis erhält. Die Einteilung in „sehr deutlich", „deutlich" oder „ausgeglichen" dient lediglich als Orientierungshilfe und sollte nicht starr oder als abgeschlossen betrachtet werden.

Unsere Hunde haben facettenreiche Persönlichkeiten.

AUSWERTUNG DER FRAGEBÖGEN

Offenheit für Erfahrungen

Gewohnheitstier	Balance	Abenteurer

Sehr deutlich	Deutlich	Ausgeglichen	Deutlich	Sehr deutlich

-12 -11 -10 -9 -8 -7 -6 -5 -4 -3 -2 -1 0 1 2 3 4 5 6 7 8 9 10 11 12

Gewissenhaftigkeit

Rebell	Balance	Perfektionist

Sehr deutlich	Deutlich	Ausgeglichen	Deutlich	Sehr deutlich

-12 -11 -10 -9 -8 -7 -6 -5 -4 -3 -2 -1 0 1 2 3 4 5 6 7 8 9 10 11 12

Extraversion

Introvertierte	Balance	Extravertierte

Sehr deutlich	Deutlich	Ausgeglichen	Deutlich	Sehr deutlich

-12 -11 -10 -9 -8 -7 -6 -5 -4 -3 -2 -1 0 1 2 3 4 5 6 7 8 9 10 11 12

Verträglichkeit

Einzelkämpfer	Balance	Teamplayer

Sehr deutlich	Deutlich	Ausgeglichen	Deutlich	Sehr deutlich

-12 -11 -10 -9 -8 -7 -6 -5 -4 -3 -2 -1 0 1 2 3 4 5 6 7 8 9 10 11 12

Emotionale Stabilität

Hasenpfote	Balance	Unerschütterliche

Sehr deutlich	Deutlich	Ausgeglichen	Deutlich	Sehr deutlich

-12 -11 -10 -9 -8 -7 -6 -5 -4 -3 -2 -1 0 1 2 3 4 5 6 7 8 9 10 11 12

PERSÖNLICHKEITSPROFIL

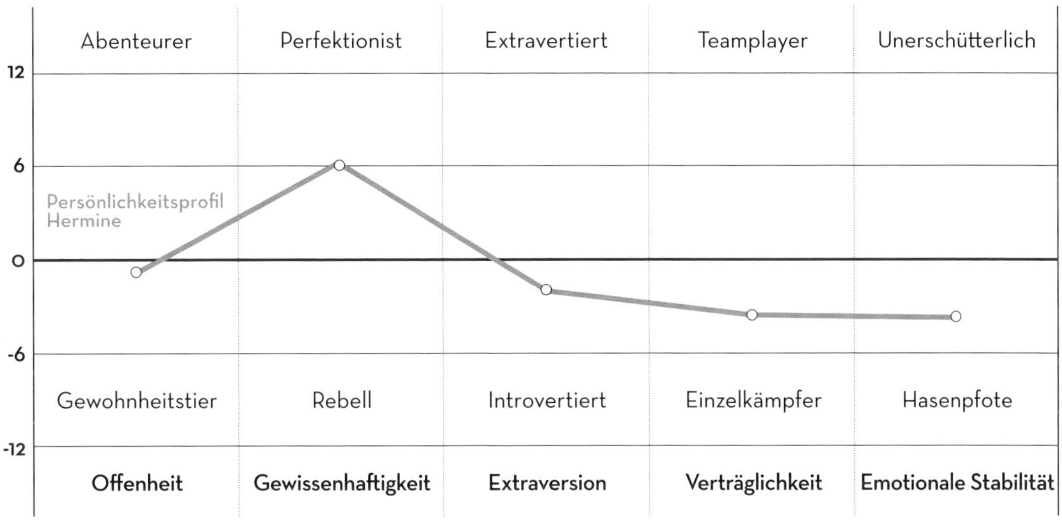

DAS PERSÖNLICHKEITSPROFIL

Das Ergebnis des Tests kannst du in ein solches Diagramm einzeichnen. Auf diese Weise kannst du auf einen Blick erkennen, bei welchem Merkmal dein Hund eine deutliche, sehr deutliche oder ausgeglichene Ausprägung hat. Es kann auch interessant sein, das Diagramm deines Hundes mit denen anderer Hunde zu vergleichen.

DAS DEUTLICHSTE CHARAKTERMERKMAL

Welches Merkmal hat bei deinem Hund die deutlichste Ausprägung? Es könnte dasjenige sein, das sich am stärksten im Verhalten deines Hundes widerspiegelt. Wo befindet sich der größte Abstand zur Mittellinie im Diagramm? Wenn dein Hund zwei besonders ausgeprägte Merkmale hat, solltest du sie beide notieren.

Das Merkmal mit der größten Abweichung zur Mittellinie ist:

....

DIE DEUTLICHSTE EIGENSCHAFT

Beim deutlichsten Charaktermerkmal: In welche Richtung schlägt die Abweichung aus?

Der deutlichste Wesenszug meines Hundes ist:

....

Beispiel Persönlichkeitsprofil Hermine

Hermine hat die größte Abweichung von der Mittellinie beim Charaktermerkmal Gewissenhaftigkeit. Mit +6 Punkten auf dem Merkmal Gewissenhaftigkeit gehört sie zu den deutlichen Perfektionisten. Man könnte sagen, Hermine zeigt sich stets darum bemüht, alles dafür zu tun, um ihren Menschen zu gefallen. Sie ist diszipliniert und zielorientiert und zeichnet sich durch ihre Genauigkeit und Sorgfalt aus. Sie ist in der Lage, bestimmte Ablenkungen zu ignorieren und sich auf ihre Aufgaben zu konzentrieren. Sie möchte gern so viel wie möglich richtig machen.

Zehn hervorstechende Wesenszüge

Die stärkste Persönlichkeitseigenschaft deines Hundes hat den größten Einfluss auf sein Verhalten. Im Folgenden findest du eine Übersicht über diese Eigenschaften. Wenn der Hund bei einem Merkmal ausgeglichen oder nur wenig ausgeprägt ist, treffen diese Beschreibungen nur eingeschränkt oder gar nicht zu.

Die deutlichsten Persönlichkeitseigenschaften eines Hundes geben uns wichtige Hinweise darauf, wie der Hund auf bestimmte Umstände reagieren wird. Diese Eigenschaften sind im Verhalten des Hundes auch deutlich sichtbar.

Es kann jedoch vorkommen, dass der Hund von seinem gewohnten Verhalten abweicht, sei es in bestimmten Situationen, aufgrund von besonderen Erfahrungen, gelerntem Verhalten oder anderen Faktoren.

Potter ist ein Abenteurer auf vier Pfoten.

Starke Ausprägung bei Abenteurer
Hoher Wert bei Offenheit für Erfahrungen

Der Hund ist immer bereit, neue Dinge auszuprobieren, und hat eine Vorliebe für Abwechslung und Abenteuer. Er ist neugierig und aufgeschlossen und zeigt sich interessiert an vielen verschiedenen Aktivitäten.

Kaja besteht auf ihre Gewohnheiten.

Starke Ausprägung bei Gewohnheitstier
Negativer Wert bei Offenheit für Erfahrungen

Der Hund ist neuen Erfahrungen und ungewohnten Situationen gegenüber eher zurückhaltend und misstrauisch. Er bevorzugt die Routine und Gewohnheiten und zeigt sich eher bodenständig und vorsichtig. Er mag Veränderungen nicht und braucht Zeit, um sich an neue Umgebungen und Menschen zu gewöhnen.

Starke Ausprägung bei Perfektionist
Hoher Wert bei Gewissenhaftigkeit

Der Hund ist darum bemüht, zu gefallen und zeigt sich sehr diszipliniert und zielorientiert. Er ist genau und sorgfältig in allem, was er tut, und ist in der Lage, Ablenkungen zu widerstehen.

Neo strebt nach Perfektion.

Kátja geht gern ihren eigenen Weg.

Starke Ausprägung bei Rebell
Negativer Wert bei Gewissenhaftigkeit

Der Hund ist impulsiv und sorglos und stellt seine eigenen Bedürfnisse in den Vordergrund. Er könnte als unzuverlässig beschrieben werden. Er neigt dazu, seinen eigenen Weg zu gehen und sich weniger von Regeln und Anweisungen leiten zu lassen.

Sammy liebt die Gesellschaft anderer.

Starke Ausprägung bei Extravertierte
Hoher Wert bei Extraversion

Der Hund ist selbstsicher, gesellig und aktiv. Er genießt es, in Gesellschaft anderer Hunde oder Menschen zu sein, und verbreitet eine positive Stimmung. Er ist aufgeschlossen und neugierig und sucht häufig die Aufmerksamkeit anderer.

Starke Ausprägung bei Introvertierte
Negativer Wert bei Extraversion

Der Hund hat weniger Bedarf an Gesellschaft und Kontakt zu anderen. Er neigt dazu, in Gruppen eher passiv zu beobachten und zurückhaltend zu sein. Seine Emotionen sind nicht so leicht zu erkennen und er wirkt insgesamt eher in sich gekehrt und ruhiger.

Keks ist eher introvertiert.

Lotte kommt gut mit anderen aus.

Starke Ausprägung bei Teamplayer
Hoher Wert bei Verträglichkeit

Der Hund ist kooperativ und hat eine positive Einstellung anderen gegenüber. Er wirkt aufgeschlossen, freundlich und nachsichtig und neigt dazu, gut im Team zu arbeiten. Er zeigt Verständnis für die Perspektiven anderer und ist bereit, Kompromisse einzugehen, um das Miteinander zu fördern.

Amie ist selbstständig und unabhängig.

Starke Ausprägung bei Einzelkämpfer
Negativer Wert bei Verträglichkeit

Der Hund vertraut anderen nur langsam und neigt dazu, sich eher auf Konfrontationskurs zu begeben. Er ist misstrauisch, konkurrenzorientiert und unnachgiebig und bevorzugt es, allein zu arbeiten oder zu handeln. Er ist weniger bereit, Kompromisse einzugehen und sich an Regeln und Absprachen zu halten.

Starke Ausprägung bei Unerschütterliche
Hoher Wert bei Emotionale Stabilität

Der Hund reagiert weniger empfindlich auf Stress und hat eine hohe Toleranz gegenüber Frust. Er erholt sich schnell von belastenden Situationen und zeigt insgesamt eine stabile emotionale Verfassung.

Daya ist eine wahre Kämpfernatur.

Freddy hat eine geringe emotionale Stabilität.

Starke Ausprägung bei Hasenpfote
Negativer Wert bei Emotionale Stabilität

Der Hund ist oft unsicher und nervös und hat mehr Ängste als andere. Er reagiert sensibel auf Stress und wirkt häufig besorgt und angespannt. Er neigt dazu, sich von belastenden Situationen langsamer zu erholen, und zeigt insgesamt eine weniger stabile emotionale Verfassung.

Die Aussagekraft der Kombinationen

Die Big Five bieten keine starren Persönlichkeitsprofile. Unsere Einzigartigkeit zeigt sich in den Nuancen der Merkmale und ihre Kombinationen zeichnen ein facettenreiches Gesamtbild.

Im echten Leben sind Hunde in der Regel nicht nur durch einen einzigen Wesenszug beschreibbar. Genauso wie bei uns Menschen wird dieser eindimensionale Ansatz den Facetten der Persönlichkeit nicht gerecht.
Zum einen beschreiben die Wesenszüge lediglich die sehr deutlichen Ausprägungen, während die Abstufungen innerhalb eines Merkmals weitestgehend ignoriert werden. Die Persönlichkeit eines Hundes ist nicht einfach nur schwarz oder weiß, sondern hat viele verschiedene Schattierungen. Die Wesenszüge beschreiben die Extreme, aber der entsprechende Hund befindet sich in der Regel irgendwo dazwischen. Die meisten Hunde haben balancierte Ausprägungen ihrer Persönlichkeit, während richtige Extreme eher selten vorkommen.
Ein zweiter Schwachpunkt ist, dass im ersten Schritt die verschiedenen Charaktermerkmale einzeln betrachtet werden, anstatt die Verbindungen und damit auch die Zusammenhänge zwischen ihnen zu berücksichtigen. Jeder Hund hat auf jedem der fünf Charaktermerkmale (und damit auf allen zehn Wesenszügen) eine individuelle Stellung und erst die Kombination dieser Werte ergibt ein vollständiges Bild seiner eigenen Persönlichkeit.

VOM MERKMAL ZUR PERSÖNLICHKEIT

Die Grafik zeigt das Persönlichkeitsprofil von Keks. Man kann die Werte im Schaubild ablesen und den deutlichsten Unterschied zur Null-Linie, also dem ausgeglichenen Wert, erkennen. Sein auffälligstes Charaktermerkmal ist Gewissenhaftigkeit und sein auffälligster Wesenszug ist Perfektionismus. Extraversion und Verträglichkeit sind im Vergleich zu den anderen Merkmalen deutlich geringer ausgeprägt. Die Kombination der fünf Werte liefert jedoch mehr Informationen als die Summe der einzelnen Merkmale. Die fünf Charaktermerkmale beeinflussen sich gegenseitig.
Wir können in diesem Zusammenhang das Merkmal „schüchtern" verwenden. Eine Person oder ein Hund kann introvertiert sein, ohne gleichzeitig schüchtern zu sein. Introvertiert bedeutet, dass man weniger Bedarf nach sozialen Kontakten hat und sich eher zurückzieht, während Schüchternheit die Angst vor sozialen Kontakten beschreibt. Schüchternheit entsteht, wenn man sowohl introvertiert als auch unsicher und emotional instabil ist. Schüchterne Hunde fühlen sich unwohl in größeren Gruppen von Fremden und bevorzugen die Gesellschaft vertrauter Sozialpartner. Dies ist die introvertierte Seite ihrer Persönlichkeit. Die Unsicherheit im Um-

BEISPIEL PERSÖNLICHKEITSPROFIL KEKS

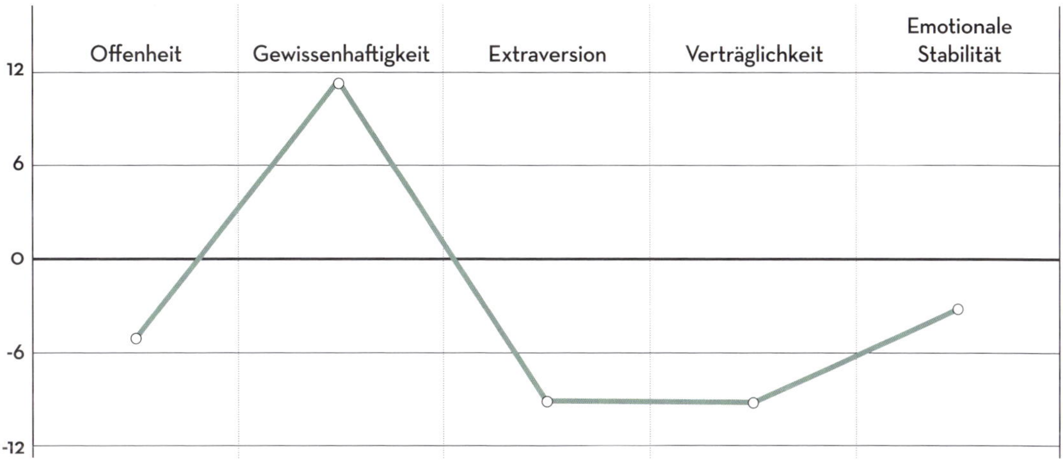

Keks hat drei sehr ausgeprägte Wesenszüge. Das dominante Merkmal ist Gewissenhaftigkeit.

gang mit anderen und mangelnde Erfahrung in der Kommunikation zeigen sich in ihrer geringen emotionalen Stabilität.

KOMBINATIONEN SCHAFFEN PERSÖNLICHKEIT

Der niederländische Persönlichkeitsforscher Boele de Raad hat gemeinsam mit seinen Kolleginnen Wörter gesammelt, die durch die Kombination zweier Faktoren gekennzeichnet sind (hier befinden wir uns in der Forschung zur Persönlichkeit des Menschen). Beispiele hierzu sind:

– „lustig“: Kombination aus Extraversion und Verträglichkeit
– „vertrauensvoll“: Kombination aus Verträglichkeit und hohe emotionale Stabilität

ALLE KOMBINATIONEN AUF EINEN BLICK

Boele de Raad hat diese Eigenschaftswörter tabellarisch aufgestellt und damit die verschiedenen Kombinationsmöglichkeiten gesammelt.

Die Spaltenüberschriften stehen für das Dominante der beiden miteinander kombinierten Big Five-Merkmale. In der Zeilenüberschrift findet sich das kombinierte Merkmal und aus den Zellen kann man die Eigenschaftswörter, die durch die Kombinationen entstehen, erlesen.
Um auch hier den Bezug zum Hund zu erhalten, werde ich nur beispielhaft Wörter aufführen, die für Menschen und Hunde gleichermaßen gelten könnten.

ALLE KOMBINATIONEN AUF EINEN BLICK

		Extraversion		Emotionale Stabilität	
		+	-	+	-
Extraversion	+			selbstsicher, ausdauernd, unermüdlich	überempfindlich, reizbar, zudringlich
	-			in sich ruhend, genügsam	unsicher, grantig, griesgrämig
Emotionale Stabilität	+	kühn, mutig, selbstsicher	still, ruhig, sanft		
	-	explosiv, albern	zurückziehend, schwach, feige		
Verträglichkeit	+	gesellig, sozial, enthusiastisch	zurückhaltend, friedfertig, unterwürfig	geduldig, entspannt, anspruchslos	beeinflussbar, unsicher, abhängig
	-	dominant, herrisch, nachdrücklich	ungesellig, abgeschieden	tapfer, gemütsarm, hart gesotten	reizbar, abweisend, launisch
Gewissenhaftigkeit	+	aktiv, wetteifernd, beharrlich	zurückhaltend, beherrscht, ernst		eigen
	-	ungestüm, frech	lasch, wettbewerbsscheu, träge	zwanglos	aufdringlich, bedrängend
Offenheit	+	ausdrucksvoll, dramatisch	innerlich		anpassungsfähig
	-		passiv, sanftmütig, teilnahmslos	unerschütterlich	gereizt

Nach Boele de Raad: The Big Five Personality Factors, Hogrefe & Huber Publishers 2000, S. 72f.

Verträglichkeit		Gewissenhaftigkeit		Offenheit	
+	-	+	-	+	-
albern, heiter, fröhlich	roh, schroff	wachsam, ehrgeizig, entschlossen	unbekümmert, sorglos, unbändig	pfiffig, überdreht	bedenkenlos, aufgeblasen
unkompliziert, friedliebend, weichherzig	kühl, unfreundlich, teilnahmslos	vorsichtig, pünktlich, sanft	faul, unproduktiv, neutral	nach innen gerichtet, nachdenklich	interessenlos, fantasielos, undurchsichtig
vertrauensvoll, nett, tolerant	unsensibel, lieblos, rücksichtslos	gründlich, zuverlässig, konsequent		erfinderisch, intelligent, klug	nüchtern, naiv, bedenkenlos
empfindsam, gefühlvoll, sensibel	fordernd, rücksichtslos, missmutig		inkonsequent, instabil	lustbetont	
		zuverlässig, vertrauens-würdig, pflichteifrig		diplomatisch, aufgeschlossen	einfach, abhängig, unterwürfig
			fahrlässig, unzuverlässig	individualis-tisch, übertrieben	flach, abweisend, rau
hilfsbereit, kooperativ, rücksichtsvoll	hart, streng			überlegt	
	rücksichtslos, grob, unhöflich				unachtsam, unwissend, kurzsichtig
wirkungsvoll, genial	schlau	fleißig, perfektionis-tisch	unkonven-tionell		
	skrupellos, ungeschliffen	stabil, nüchtern	wahllos, unreif		

Die acht Charaktertypen

Drei Merkmale vermitteln bereits ein klares Bild. Sie ermöglichen eine grobe Typisierung, zeigen Tendenzen in Entscheidungen und wahrscheinliches Verhalten in verschiedenen Situationen.

Nimmt man nun ein drittes zu den beiden Merkmalen hinzu, hat also drei Eigenschaften, so erhält man acht Typen. Die Psychologen Margarete Vollrath und Sven Torgersen von der Universität Oslo (Vollrath; Torgersen, 2022) taten dies mit den Merkmalen: Extraversion, emotionale Stabilität und Gewissenhaftigkeit und kombinierten sie zu acht Typen (hier wieder übertragen auf den Hund):

Welcher Charaktertyp ist dein Hund?

DIE BEOBACHTER

introvertiert, emotional stabil, wenig gewissenhaft

Die Beobachter sind nicht sehr sensibel, zeigen wenig Emotionen und sind nicht sonderlich ehrgeizig. Sie sind jedoch relativ resistent gegenüber Stress. In schwierigen Situationen oder Krisen neigen sie dazu, eine passive Haltung einzunehmen und abzuwarten, ohne große Anteilnahme, während die Krise an ihnen vorbeigeht. Sie sind nicht die ersten, die aktiv handeln und ihre Umwelt erforschen, sondern beobachten und analysieren erst einmal die Situation, bevor sie handeln. Dies kann von Vorteil sein, da sie dadurch in der Lage sind, die beste Lösung zu finden. Diese passive Haltung kann allerdings auch dazu führen, dass sie in bestimmten Situationen nicht handlungsfähig sind.

Kaja beobachtet lieber von der Seitenlinie.

Freddy zeigt sich häufig schüchtern.

DIE UNSICHEREN

introvertiert, wenig emotional stabil, wenig gewissenhaft

Die Unsicheren sind schüchtern und wenig belastbar. Sie erleben häufig negative Gefühle und verhalten sich oft klammernd und kontrollierend. Sie neigen dazu, sich in schwierigen Situationen in sich zurückzuziehen und Probleme zu vermeiden. Diese Verhaltensweisen können sie daran hindern, Probleme aktiv anzugehen und effektiv zu lösen. Sie brauchen viel Zeit und Geduld, um sich an neue Situationen und Umgebungen zu gewöhnen und Vertrauen aufzubauen. Eine sanfte und verständnisvolle Handhabung ist hierbei sehr wichtig. Sie benötigen eine sichere und stabile Umgebung, um ihre Ängste und Unsicherheiten zu überwinden und ihr Selbstbewusstsein zu stärken.

DIE SKEPTIKER

introvertiert, emotional stabil, gewissenhaft

Die Skeptiker sind in ihren sozialen Kontakten zurückhaltend, dabei aber selbstsicher, stressresistent und ausgeglichen. Auch in schwierigen Situationen oder Krisen handeln sie nicht impulsiv, sondern bewerten die Situation und lassen sich nicht nur von Emotionen leiten. Oft sind sie in der Lage, Probleme schnell und effektiv zu lösen, und sind selbstbewusst und entschlossen in ihren Handlungen. Sie sind in der Regel ruhig und besonnen und reagieren nicht überstürzt auf Umweltveränderungen. In ungewissen Situationen können sie eine gute Entscheidung treffen, und sie lernen schnell.

Miro gehört zu den Skeptikern.

Keks braucht viel Unterstützung.

DIE BRÜTER

introvertiert, wenig emotional stabil, gewissenhaft

Die Brüter sind scheu und zurückgezogen, empfindlich gegenüber Stress und anfällig für negative Gefühle aller Art. Oft haben sie Schwierigkeiten, Entscheidungen zu treffen, und sind unsicher. Es fällt ihnen schwer, Probleme zu lösen und Herausforderungen zu meistern. Sie brauchen viel Zeit und Geduld, um sich an neue Situationen und Umgebungen zu gewöhnen. Sie sind oft ängstlich und benötigen eine sanfte und verständnisvolle Handhabung. Es ist wichtig, ihnen ein sicheres und stabiles Umfeld zu bieten und ihnen Zeit zu geben, um Vertrauen aufzubauen.

DIE HEDONISTEN

extravertiert, emotional stabil, wenig gewissenhaft

Die Hedonisten sind sozial geschickt, aufgeschlossen und emotional wie physisch robust. Sie haben Spaß an Dingen und können gut mit Stress umgehen. Sie suchen das Vergnügen und positive Erfahrungen und sind oft selbstbewusst. Sie können Herausforderungen gut meistern und Probleme lösen und sind in der Lage, sich in verschiedenen Situationen anzupassen. Sie sind gesellig, gut sozialisiert und brauchen viel Interaktion und Beschäftigung. Oftmals sind sie leicht trainierbar und eignen sich gut für Menschen, die gern unterwegs sind und viel unternehmen.

Sammy nimmt das Leben leicht.

DIE IMPULSIVEN

extravertiert, wenig emotional stabil, wenig gewissenhaft

Die impulsiven Hunde sind ständig auf der Suche nach neuen Reizen und Vergnügungen, sind aber emotional instabil und schnell von ihrer Umgebung abgelenkt. Sie können unkontrolliert und unvorhersehbar im Verhalten sein und haben Schwierigkeiten, sich auf eine Sache zu konzentrieren. Sie benötigen viel Aufmerksamkeit und Beschäftigung, um ihre Impulsivität in Schach zu halten, und sind nicht immer leicht zu trainieren.

Cara von Camelot liebt das Vergnügen.

Potter ist ein stolzer, mutiger Hund.

DIE UNTERNEHMER

extravertiert, emotional stabil, gewissenhaft

Die Unternehmer weisen soziale Kompetenzen und Führungspotential auf. Ihre Ziele verfolgen sie mit viel Energie, und sie sind auch unter Stress belastbar und in der Lage, effektiv mit Krisen umzugehen. Sie sind selbstbewusst und unabhängig, können Entscheidungen treffen und Probleme lösen. Sie sind oft leicht trainierbar und haben eine starke Arbeitsmoral. Diese Hunde eignen sich gut für Aufgaben, die Selbstständigkeit erfordern.

DIE KOMPLIZIERTEN

extravertiert, wenig emotional stabil, gewissenhaft

Die Komplizierten sind keineswegs scheu oder zurückhaltend, aber in engeren Beziehungen stark abhängig und kontrollierend. Sie sind nicht besonders belastbar in Krisen, aber haben trotzdem die Fähigkeit, sich irgendwie zu helfen. Oft haben sie komplexe Persönlichkeiten und können schwer vorherzusagen sein. Es ist wichtig, die Bedürfnisse und Verhaltensweisen dieser Hunde gut zu verstehen, um sie effektiv zu trainieren und zu betreuen.

Amie ist jung, ihre Perönlichkeit kann sich noch entwickeln.

HANDLUNGS-EMPFEHLUNGEN FÜR ALLTAG UND TRAINING

DEN CHARAKTER IMMER MIT DABEI

Die Persönlichkeit hat einen großen Einfluss auf den Alltag und das Training.

DIE NÄCHSTEN SCHRITTE

Was die Persönlichkeit bedeutet

Dieses Kapitel beschäftigt sich damit, wie wir einem Hund helfen können, besser mit seiner Persönlichkeit und den damit verbundenen Herausforderungen umzugehen. Im Big Five-Modell gibt es keine „richtigen" oder „falschen" Persönlichkeiten, sondern nur individuelle Unterschiede.

Dennoch kann es für einen verträglichen Hund einfacher sein, in einer Gruppe von Hunden zurechtzukommen, als für einen weniger verträglichen Hund. Ein introvertierter Hund ist ein wunderbares Wesen, aber es kann vorkommen, dass er Stress und Emotionen unterdrückt und langfristig darunter leidet. Ein Hund, der offen für Erfahrungen ist, wird immer neugierig sein und könnte dadurch für sich selbst oder andere zur Gefahr werden, insbesondere, wenn er nur einen Schritt (über eine Schnellstraße) von einer neuen Erfahrung entfernt ist.

MEIN ZIEL

Mein Ziel ist es nicht, einen introvertierten Hund in einen extravertierten Hund oder einen weniger verträglichen Hund in einen verträglichen Hund zu verwandeln. Stattdessen möchte ich die Persönlichkeit des Hundes unterstützen und Werkzeuge „an die Pfote geben", damit er besser mit den Herausforderungen des Lebens umgehen kann. Die nachfolgenden Handlungsempfehlungen dienen als Tipps für den Umgang mit dem Hund und als Möglichkeiten, die Stärken eines Persönlichkeitsmerkmals zu fördern.

EMOTIONALE STABILITÄT

Ausgenommen hiervon ist das Persönlichkeitsmerkmal „emotionale Stabilität", bei dem es tatsächlich darum geht, diesen Aspekt des Charakters zu verändern. Denn wenn der Hund eine starke negative Ausprägung auf diesem Merkmal hat, kann dies seine Lebensqualität erheblich einschränken. Das Ziel bei der Verbesserung der emotionalen Stabilität des Hundes ist es, ihm dabei zu helfen, besser mit Stress und negativen Emotionen umzugehen, um somit sein Wohlbefinden langfristig zu steigern.

JEDE BEZIEHUNG IST INDIVIDUELL

Diese Handlungsempfehlungen sind allgemein gehaltene Tipps. Da die Beziehung zwischen dir und deinem Hund sehr individuell ist, empfehle ich dir, dass du dir für Situationen, in denen du dich unsicher fühlst oder nicht genau weißt, wie du vorgehen sollst, einen erfahrenen Hundetrainer suchst. Insbesondere, wenn es darum geht, Grenzen zu setzen oder unerwünschtes Verhalten zu korrigieren, solltest du dir eine kompetente Anleitung holen.

Offenheit für Erfahrungen

Wie kannst du einem Gewohnheitstier unterstützend zur Seite stehen? Und welche Grenzen und Regeln sind wichtig, damit ein Abenteurer seine Neugier und Entdeckungslust ausleben kann?

GEWOHNHEITSTIERE

Gewohnheitstiere im Training

Hunde mit einem negativen Wert auf dem Merkmal „Offenheit für Erfahrungen“ tun sich mit Veränderungen schwer. Sie bevorzugen feste Abläufe und Rituale. Sichtbar wird dies auch, wenn man ihnen etwas Neues beibringen möchte. Grundsätzlich sollten für diese Hunde Übungseinheiten kurz gehalten und Aufgaben nur langsam und nach und nach erschwert werden. Übungen oder Abläufe sollten zunächst in reizarmer und bekannter Umgebung, wie zuhause oder im eigenen Garten, geübt und einstudiert werden. Wenn es hier einen Lernerfolg gibt, kann langsam ein neuer Reiz (neue Umgebung oder ein weiterer kleiner fremder Reiz) zum bekannten Ablauf hinzugefügt werden. Besonders bei Gewohnheitstieren gilt es, kleinschrittig zu arbeiten, damit diese Hunde nicht zu schnell überfordert sind und dann in Stress geraten. Neue Komponenten sollten nur ganz behutsam zu bekannten Abläufen hinzugefügt werden.
Gewohnheitstiere zu motivieren und bei der Stange zu halten, kann eine Herausforderung sein. Hier gilt es, den passenden „Antreiber“ zu finden – gibt es Leckerlis, für die der Hund über seinen Schatten springt? Ist das Lieblingsspielzeug vielleicht ein Motivator? Mit dem richtigen Verstärker und kurzen Übungseinheiten kann man das Gewohnheitstier in Gang bringen. Um die Motivation zu verlängern, kann man zwischendurch einfache, gut bekannte und gern durchgeführte Handlungen abfragen. So bleibt dem Hund die Möglichkeit, auch in Situationen, in denen er seine Komfortzone verlassen muss, Sicherheit und Selbstbewusstsein durch bekannte Übungen zu gewinnen.

1

Gewohnheitstiere im Alltag

Veränderungen bleiben im Leben nicht aus und Gewohnheitstiere können manchmal darunter leiden. Diesen Hunden hilft es, wenn sie etwas Bekanntes wiedererkennen. Fährt man mit seinem Gewohnheitstier in den Urlaub, unterstützt es den Hund, wenn man seinen bekannten Liegeplatz, seine Decke oder selbst so etwas Banales wie seinen Napf mitnehmen kann. Ein wenig Zuhause, ein wenig gewohntes Umfeld schafft Sicherheit.

Gewohnheitstiere brauchen mehr Ruhe, wenn es eine Veränderung gab. Die Urlaubsreise, der Besuch oder auch nur das Umräumen der eigenen Wohnung kann schon so sehr zu Stress führen, dass der Hund danach Erholung braucht. So sollte ihm Zeit und Raum eingeräumt werden, um ausreichend Ruhe zu bekommen.

Ist das Gewohnheitstier schüchtern oder zurückhaltend gegenüber fremden Menschen, hilft es, wenn man diesen Hunden Zeit gibt, sich mit der neuen Situation selbst auseinanderzusetzen, und es ihnen ermöglicht, sich in ihrem Tempo der neuen Person anzunähern. Dabei fällt es den Hunden leichter, wenn der Besuch ihn erst mal „links liegen lässt". Der Hund kann sich so aus der Entfernung ein Bild von der neuen Bekanntschaft machen. Dadurch wird die für den Hund nötige, sichere Atmosphäre geschaffen.

Manche Gewohnheitstiere gruseln sich sogar vor Neuem, wie der Mülltonne, die plötzlich nachts draußen steht. Der Mensch kann seinen Hund dabei unterstützen, indem er vorangeht und die fürchterlichen Objekte aus der Ferne ansieht oder gemeinsam mit dem Hund untersucht. Bitte den Hund dabei nicht in die Nähe des Objekts zwingen.

3

2

Gemeinsam stark

1. Lotte ist mutig, aber …

2. … Unbekanntes kann sie gruseln.

3. Mit Halterin Nancy zeigt sie sich wieder sicher.

Aus der Praxis

Wie Ruhe Sicherheit schafft

Kaja, die Hündin mit einer negativen Ausprägung auf dem Charaktermerkmal „Offenheit für Erfahrungen" und ihrem fehlenden Interesse an ihren Menschen.

Grundsätzlich sollte bei Hunden, die sich auffallend oft zurückziehen oder wenig Interesse an der Umwelt zeigen, eine tierärztliche Untersuchung vor jede Beratung gestellt werden – so war es auch hier. Kaja ist befundlos gesund. Sie ist einfach eine ruhige Hündin. Wir haben ihr also zunächst die Möglichkeit gegeben, sich zurückzuziehen, wenn sie das Bedürfnis danach hat. Ihre Menschen wurden instruiert, sie nicht mehr zu bedrängen und sie mit „Liebe zu überschütten", was sie am Anfang nach der „Rettung" von der Straße gemacht hatten. Die Spaziergänge haben wir in der Länge reduziert – wodurch sie wieder viel mehr Freude bei den kürzeren Runden zeigte. Mit einer soliden Leinenführigkeit konnten wir ihr auch mehr Vertrauen in ihre Menschen geben, sodass sie Kontakt mit Fremden nun nicht mehr als stressig empfindet. Das mehr „Links-liegen-Lassen" durch ihre Menschen hat dazu geführt, dass Kaja jetzt bewusst Kontakt sucht und auch mal zu Frauchen auf das Sofa klettert. Ein Herzenswunsch ihrer Halterin. Kaja ist heute eine treue Begleiterin, die durch ihre hohe Zuverlässigkeit und ihre Freundlichkeit alle Herzen im Sturm erobert.

Endlich kann Kaja Nähe bei ihrer Bezugsperson zulassen und sogar genießen!

ABENTEURER

Abenteurer im Training

Wiederkehrende Handlungen langweilen die Abenteurer schnell. Wenn du also an einer Handlungskette arbeitest, die häufige Wiederholungen erfordert, sollten die Einheiten kurz gehalten und der Motivator entsprechend wertig sein (besonderes Futter oder das absolute Lieblingsspielzeug). Damit der offene Hund länger motiviert bleibt, kannst du einen Trick anwenden. Belohne in unterschiedlicher Abstufung: nur verbal, ein Leckerli, ein besonderes Futter, das tollste Spielzeug. Dein Hund weiß nicht, wie hoch die Belohnung in welchem Moment ist, und bleibt dadurch länger in einer lernbereiten Haltung.
Offene Hunde lieben Neues, Variationen und Veränderungen. Du kannst das Training mit deinem Hund durch neue Übungen, andere Abläufe oder auch Unternehmungen spannend und interessant halten, zum Beispiel durch Training in fremden Umgebungen oder durch kleinere Übungen auf dem alltäglichen Spaziergang. Nutze dazu deine eigene und die Kreativität deines Hundes. Ermutige ihn dazu, Ideen zu entwickeln und sich zu überlegen, wie ein Problem gelöst werden könnte. Was sind neue Ideen, Möglichkeiten und Herangehensweisen? Besonders eignet sich hier das freie Formen beim Clickern oder Tüftel- und Intelligenz-Spielzeuge.

Abenteurer im Alltag

Trotz oder vielleicht auch gerade wegen der ganzen Abenteuer, die die Welt für deinen Hund bereithält, solltest du besonders auf die Ruhe deines Hundes achten. Es ist für alle Hunde wichtig, ausreichend Schlaf und Ruhe zu bekommen. Offenen Hunden mag es selbst gar nicht auffallen, dass sie eigentlich schon total ausgepowert sind. Noch dazu fällt es ihnen eher schwer, selbst in die Ruhe zu finden, und sie brauchen deshalb Unterstützung vom Menschen. Ruhezeiten – nach Action oder Unternehmungen – und zugewiesene Ruheplätze solltest du festlegen und durchsetzen. Auch Pausen beim wilden Toben mit dem Hundekumpel solltest du einfordern können.

Wenn er könnte, würde Potter am liebsten den ganzen Tag arbeiten.

„Und Tschüss!" Ohne einen soliden Rückruf kann so eine Situation gefährlich werden.

Abenteurer und Freiraum

Ein offener Hund wird nicht immer alles genau gleich machen. Da, wo es möglich ist, könntest du ihm Freiraum für Ideen und seine eigenen Lösungen einräumen. Macht er lieber Platz – anstatt Sitz – um zu warten? Liegt er lieber auf den kalten Fliesen als auf dem warmen Liegeplatz? Warum nicht ... (Achtung: Dies bedeutet jedoch nicht, dass sich der Hund über Ansagen hinwegsetzen soll. Greife seine „Vorschläge" einfach beim nächsten Mal auf.)

Abenteurer suchen sich immer wieder ihren „Kick" im Neuen, das bedeutet auch, sie sind schnell mal auf eigenen Wegen unterwegs und suchen dort bewusst nach Reizen. Es ist also besonders wichtig, dass diese Hunde für solche Situationen abgesichert sind. Entweder mit einem soliden Rückruf – der auch unter Ablenkung funktioniert – oder der Hund ist entsprechend angeleint.

Grundsätzlich gilt, offene Hunde sind schneller dabei, Regeln infrage zu stellen, und „diskutieren" auch mal aufs Neue diese aus. Rechne mit diesem Verhalten und überlege dir im Vorhinein, wie du auf Regelverstöße reagieren möchtest.

Offene Hunde lassen sich durchaus von bewährten Lösungen überzeugen, wenn sie merken, dass es sich tatsächlich für sie lohnt. Unterstützend kann dafür ein erfahrener Hund sein, der den „richtigen" Weg vorgibt. Belohne den erfahrenen Hund überschwänglich, wenn er auf einen Rückruf zu dir kommt. Dein Hund wird sich dies dann möglicherweise abgucken.

Aus der Praxis

Impulskontrolle als Herausforderung

Potter, der Weimaraner, konnte kaum bei besseren Menschen landen. Die Hundehalter sind selbst gern und viel unterwegs, fahren mit dem Vierbeiner ans Meer oder in die Berge.

Sie beschäftigen ihn immer wieder mit neuen Aufgaben und erarbeiten mit ihm auch komplexe Handlungsketten. Der Rüde lernt unglaublich schnell und hat großen Spaß daran. Er liebt das gemeinsame Anpirschen an den Dummy und pflückt gekonnt die Frisbees aus der Luft. Worauf wir also im Training das Hauptaugenmerk gelegt haben, war das, was allen Beteiligten zunächst am schwersten fiel: Ruhe. Pausen, Ruhezeiten, Aushalten von Bewegung, ohne hinterherzueilen, Impulskontrolle und auch mal weggeschickt zu werden, wenn der Hund zum einhundertsten Mal am Tag nach Aufmerksamkeit fragt. Das waren die Herausforderungen mit diesem Abenteurer. Potter musste also lernen, auf seinem Platz liegen zu bleiben, auch wenn es an der Tür klingelte. Draußen auch mal nur neben einer Bank zu liegen, selbst wenn die Hundekumpel vorbeikamen. Und ja, auch diese (für ihn) nervige Leinenführigkeit bleibt weiterhin ein Lernprozess für diesen neugierigen Kerl.

Das Anpirschen im Team ist ein großer Spaß.

Gewissenhaftigkeit

Wie geht man im Alltag mit einem Rebellen um, und wie sollte das Training gestaltet werden? Wie handhabt man einen Perfektionisten, der eigene Regeln aufstellt? Und wie bringt man beide Persönlichkeiten in ein Gleichgewicht?

REBELLEN

Rebellen im Training

Hunde mit einer negativen Ausprägung auf dem Merkmal Gewissenhaftigkeit brauchen beim Erlernen von Übungen und Handlungsketten länger. Um hier erfolgreich zu sein, sollten die Aufgaben in viele kleinschrittige Einzelübungen unterteilt und diese regelmäßig trainiert werden. Schafft es der Hund, eine schwierige Handlungskette durchzuführen, und bleibt dabei lange am Ball, darf er dafür überschwänglich belohnt werden. Man sollte danach umgehend aufhören, also dann, wenn der Hund noch mit Engagement dabei ist, um auch für das nächste Mal die Motivation hochzuhalten. Sollen Routineübungen wiederholt werden, sollte auch der Motivator entsprechend hoch sein. Benutze dafür besondere Leckerlis oder das liebste Spielzeug. Dass dem weniger gewissenhaften Hund zum Beispiel ein perfekter Wechsel vom Fuß ins Sitz gelingt, ist mit viel Arbeit und Wiederholungen verbunden – dir sollte bei solchen Übungen bewusst sein, dass es dem Hund grundsätzlich schwerer fällt. Überlege, wie wichtig die perfekte Ausführung ist, und dann investiere entsprechend Zeit und Aufwand hinein. Damit der Rebell länger motiviert bleibt, kannst du ebenfalls den Trick des „zufälligen Belohnens" anwenden. Belohne in unterschiedlicher Abstufung: nur verbal, ein Leckerli, ein besonderes Futter, das tollste Spielzeug. Dein Hund weiß nicht, wie hoch die Belohnung in welchem Moment ist, und bleibt dadurch länger in einer lernbereiten Haltung. Achte aber darauf, den Hund nicht zu überfordern. Dafür solltest du Übersprungshandlungen deines Hundes erkennen können, dies sind körpersprachliche Signale, die Hunde in stressigen Situationen oder bei Überforderungen zeigen.

Rebellen fällt es schwer, lange konzentriert zu bleiben.

Bekannte Beispiele sind das Gähnen, Schütteln oder Sich-Kratzen, wenn man eigentlich gerade eine Übung abfragt. Du solltest dann die Einheit abbrechen und für das nächste Mal kürzere Lernphasen einplanen.
Rebellen sind sehr empfänglich für Reize. Sie geben sich jeder Ablenkung gern hin und brauchen deshalb, besonders wenn etwas Neues gelernt werden soll, einen reizarmen Start. Starte also am besten im eigenen Wohnzimmer oder Garten und füge erst nach und nach einen weiteren Reiz hinzu.
Beendet dein Hund von sich aus das Training – bringt den Apportel nicht zurück, führt auch „einfache" Signale nicht mehr aus – solltest du lieber einen Schritt zurückgehen. Hast du ihn vielleicht überfordert? Dann beende das Training und starte an einem anderen Tag von Neuem, und dann auch am besten nochmal ganz von vorn. Beachte beim nächsten Mal die Grenzen der Aufnahmefähigkeit deines Hundes.

Schütteln ohne Grund
kann ein Hinweis auf Stress sein.

Rebellen im Alltag

Rebellen nehmen gern Reize um sich herum wahr. Man könnte sagen, ihnen fehlt der Filter, um relevante und nicht relevante Eindrücke zu unterscheiden. Diese Flut an Bildern strengt an und sie brauchen einen entsprechenden Ausgleich durch ausreichend Ruhe. Nicht alle Rebellen haben von sich aus die Fähigkeit, in die Ruhe zu finden. Sie können sich schnell selbst wieder aktivieren. Dazu ist also deine Unterstützung nötig. Feste Ruhezeiten – nach Unternehmungen – und zugewiesene Ruheplätze sollten von dir festgelegt und auch durchgesetzt werden. Außerdem haben weniger gewissenhafte Hunde keine große Selbstdisziplin und brauchen deshalb klare Grenzen: sozusagen Selbstdisziplin von außen. Du solltest ein gut funktionierendes „Nein" und „Stopp" aufbauen.

Rebellen und Struktur

Dem Hund hilft es im Alltag, Zuhause eine Struktur vorgegeben zu bekommen. Soll er „Sitz" machen, wenn du ihm das Halsband oder Geschirr anlegst? Darf er nicht in die Küche, wenn du das Futter zubereitest? Stelle solche Regeln auf und achte darauf, dass du diese abverlangst und durchsetzt. Gerade die weniger gewissenhaften Hunde werden Grenzen und Regeln immer wieder neu abfragen. Sie tun dies nicht, um dich zu ärgern oder die „Weltherrschaft" an sich zu reißen. Es liegt in ihrer Natur, dass sie weniger genau sind und die Dinge eher locker nehmen. Es wird den ein oder anderen Nerv kosten, wenn du die Regeln immer wieder erklären musst, aber auch die weniger gewissenhaften Hunde können lernen, sich an Regeln und Grenzen zu halten. Sie brauchen dabei allerdings ein bisschen mehr Unterstützung und mehr Zeit.

Aus der Praxis

Klare Anleitungen für ein sicheres Miteinander

Für das Miteinander mit Lotte ist es wichtig, herauszufinden, was der Hund an Erziehung und Führung braucht, um in seiner Umwelt ein sicheres Mitglied zu sein, und was das Sahnehäubchen durch erlernte Tricks und Signale darstellt.

Ein sicherer Rückruf, ein Not-Stopp und ein funktionierendes „Nein" ist für Lotte elementar. Und ein Funken Misstrauen werden die Halter ihr gegenüber weiterhin haben. Dieser Hund sollte an der Leine geführt werden, wenn man im Wald fremde Menschen trifft. Ihre Vorgeschichte hat gezeigt, dass sie als souveräne Hündin selbst ihre Entscheidungen trifft, und ihr fehlendes Vertrauen in das „Gute im Menschen" hat schon das ein oder andere Risiko für Fremde bedeutet. Da sie nicht sehr gewissenhaft ist, braucht sie immer wieder die Erinnerung an die bestehenden Regeln. Dies kann mit der Zeit zunehmend subtiler werden, aber das Selbstvertrauen, das sie in ihre Entscheidungsfähigkeit hat, in Kombination mit der fehlenden Gewissenhaftigkeit, macht sie zu einem Hund, der bereit ist, sich über Signale hinwegzusetzen, wenn sie der Meinung ist, es wäre nötig. Lotte wird sich aufgrund ihrer Persönlichkeit nicht so leicht ablenken lassen. Noch dazu hat sie mangelnde positive Erfahrungen mit Menschen. Sie lässt sich nicht so einfach zuverlässig durch ein „Fuß" an einer (für sie) potenziellen Bedrohung vorbeiführen. Sie wird immer ein bisschen mehr geführt werden müssen als ein gewissenhafterer Hund.

Die gelbe Schleife an der Leine signalisiert: „Bitte Abstand halten".

PERFEKTIONISTEN

Perfektionisten im Training

Mit einem Perfektionisten in ein Training zu starten, macht unglaublich viel Spaß. Diese Hunde lernen schnell, können die Aufgaben sehr sauber durchführen und sind bemüht darum, alles richtig zu machen. Sie können lernen, auf feinste körpersprachliche Signale zu reagieren, und dabei recht übermütig werden. Werden sie fahrig oder beginnen Fehler zu machen, ist die Wahrscheinlichkeit hoch, dass es nicht die Schuld des Hundes war: Vielleicht war deine Fußstellung nicht richtig oder deine Schulter hat sich zu schnell gedreht? Hat der Hund vielleicht doch alles richtig gemacht, aber die Signale waren unsauber? Auch beim Training mit dem Perfektionisten solltest du darauf achten, dass diese Hunde, wenn sie die Wahl hätten, jeden Tag gern viel „arbeiten" würden – sie brauchen und suchen förmlich den Kick, den sie im Erfüllen von Aufgaben finden. Damit sie nicht zu „Junkies" werden, solltest du mit ihnen auch einfach mal bewusst nichts tun. Gemeinsames grundloses Sitzen auf der Wiese oder Schnüffel-Spaziergänge eignen sich hervorragend zum Abschalten.

In ihren Aufgaben ist Cara sehr genau.

Perfektionisten im Alltag

Der Perfektionist neigt dazu, andere Sozialpartner zu kontrollieren. Dies kann sich durch Hinterherlaufen oder Kontaktliegen zeigen. Manche Hunde zeigen auch korrigierendes Verhalten – sich zwischen Menschen stellen, Bellen oder Anspringen, wenn Menschen zum Beispiel miteinander eine hohe Dynamik zeigen (Tanzen, Raufen, Rennen etc.) – das kann sich sogar bis zum Abschnappen steigern. Du solltest dieses Verhalten schon im Ansatz unterbinden (und es auch nicht versehentlich belohnen, indem du groß darauf eingehst). Klare Grenzen, wie ein fester Liegeplatz, auf den der Hund dann geschickt werden kann, sollten aufgebaut werden.

Der Vorteil beim Perfektionisten ist, dass er ziemlich schnell lernt. Nicht nur die eigenen Menschen oder der Besuch wird von solchen Hunden gern mal kontrolliert, auch andere Hunde bekommen die eine oder andere Regel aufgezeigt. Ein Beispiel dazu könnte sein, dass der Perfektionist darauf besteht, dass andere, insbesondere fremde Hunde, einen gewissen Abstand zu ihm einhalten müssen.

Diese Regel setzt der Perfektionist möglicherweise sehr deutlich durch. Behalte dies im Blick und nimm im Zweifel den Hund aus der Interaktion heraus oder gönne ihm zwischendurch Pausen und einen geschützten Raum bei dir.
Auch zuhause gilt, selbst wenn der Hund so wirkt, als würde er endlos Energie haben, braucht er Hilfe, in die Ruhe zu kommen. Der Workaholic würde nämlich bis zum Umfallen z.B. apportieren oder die Sozialpartner stalken oder kontrollieren. Ruhezeiten – nach Action oder Unternehmungen – und zugewiesene Ruheplätze sollten festgelegt sein und auch durchgesetzt werden.
Eine weitere Eigenschaft des Perfektionisten ist seine Beharrlichkeit: Diese Hunde bleiben hartnäckig an ihren Zielen dran. Das gilt auch für die Duftspur oder den Hasen, der verfolgt wird. Du solltest darauf vorbereitet sein, entweder habt ihr einen gut funktionierenden Rückruf, der auch unter hoher Ablenkung funktioniert, oder der Hund ist entsprechend abgesichert.

Perfektionisten und klare Regeln

Im Alltag gilt: Klare Regeln sind natürlich auch für solche Hunde wichtig. Der Vorteil: Sie halten sich meist genau daran. Der Nachteil: Sie stellen im Zweifel selbst welche auf und wollen sie durchsetzen. Das bedeutet: Der Hund braucht Rückmeldung, nicht nur dann, wenn er etwas richtig macht, sondern auch, wenn er etwas tut, das dir nicht gefällt.
Perfektionisten fällt der Umgang mit Veränderungen schwerer – sie leben in einer Welt von Strukturen und Regeln, da ihnen das Sicherheit gibt. Das bedeutet, sie brauchen mehr Ruhe und Zeit, um mit Situationen außerhalb ihrer Routinen umzugehen. Fehlt ihnen das, kann sich übermäßiger Stress einstellen, der sich dann auch in körperlichen Symptomen zeigen kann. Oftmals haben gestresste Perfektionisten Magen-Darm- oder Hautprobleme. Schaffe dem Perfektionisten deshalb ausreichend Zeit und Raum, um Ruhe zu bekommen und die neuen Eindrücke zu verarbeiten.

Beharrlich bleibt Neo an den Duftspuren dran.

Beispiel aus der Praxis

Entschleunigung als Zauberwort

Cookies Hang zum Perfektionismus ist wahrscheinlich das Ergebnis seiner mangelnden Erfahrungen in der Welpenzeit. Er wurde in dieser Zeit durch mehrere Hände gereicht und hatte in seiner Sozialisierungsphase keinen für ihn ausreichend sicheren Ort und keine konstante Bezugsperson. Die Struktur und Routinen, die er nun sucht und sich auch selbst auferlegt, geben ihm Sicherheit.

Auch nur kleinere Veränderungen in seinem Tagesablauf haben ihn schon immer so gestresst, dass er körperliche Symptome, wie Erbrechen und Durchfall und plötzlichen Haarausfall, zeigte. Zunächst erhielt Cookie also Unterstützung in der Bewältigung von Stress, wie sichere Rückzugsorte und Kauartikel (denn Kauen baut Stress ab). Eine Ernährungsumstellung half dabei, seinen verrückt spielenden Magen-Darm-Trakt zu stabilisieren, und die drei Portionen Futter am Tag verhinderten das Übersäuern. Sein Tagesablauf ist weitestgehend routiniert und nach Veränderungen bekommt er viel Zeit, um sie zu verarbeiten. Hat also an einem Tag der Besuch der Familie die ganze Struktur durcheinandergebracht, dann darf er am nächsten Tag viel und lange schlafen, das ein oder andere Rinderohr verspachteln und einen gemütlichen Schnüffelspaziergang genießen.

Routine und Regeln

Grundsätzlich wurde sein Tagesablauf entschleunigt. Auf der anderen Seite wird ein großes Augenmerk auf die Regeln und Grenzen zuhause gelegt. Cookie neigt dazu, vorzugeben, was als Nächstes passieren sollte. So steht er kurz vor Fütterungszeit vor seinem Menschen und versucht ihn durch langanhaltende Blicke zu „hypnotisieren". Es ist die Aufgabe der Halterin nun abzuwägen, wann sie ihm Entscheidungsfreiheit lässt und wann er sich zurücknehmen muss. Um das Anpöbeln anderer Hunde draußen auf dem Spaziergang in den Griff zu bekommen, wurde zunächst eine solide Leinenführigkeit aufgebaut. Hinzu kommt, dass sein Mensch ihn im Freilaufkontakt mit anderen Hunden unterstützt. Sie setzt Grenzen gegenüber fremden Hunden und hilft Cookie dabei, dass er nicht überrumpelt wird. Für diesen Hund waren diese Veränderungen ausschlaggebend. Er lässt sich nun problemlos an anderen Hunden vorbeiführen und auch im Freilaufkontakt mit anderen Hunden verlässt er sich darauf, dass sein Mensch die Situationen für ihn löst und seine subtile Kommunikation versteht. Aus Cookie ist mit den Jahren ein souveräner Rüde geworden, der sich durch seine Gewissenhaftigkeit zu einem angenehmen Begleiter entwickelte, und seinen Menschen große Freude bereitet.

Hier unterstützt der Mensch.

Extraversion

Introvertierte erleben Emotionen subtil und nach innen, während Extravertierte lebhaft und offen sind. Wie können wir diese Kommunikationsunterschiede besser verstehen und angemessen darauf reagieren?

INTROVERTIERTE

Introvertierte im Training

Introvertierten Hunden kann man dabei helfen, aus sich herauszukommen, indem man ihre Leidenschaften entdeckt. Ist der Hund bewegungsfreudig oder sucht er gern mit seiner Nase? Rennt oder hetzt er gern oder ist er besonders verspielt? Wenn man etwas findet, das der Hund wirklich liebt, und kann seine Erfolge mit ihm erleben und feiern, kann sich das Selbstbewusstsein steigern. Achtung: Futter ist hier nicht allein der Weg, vor allem ein verbales Lob und den Hund „so richtig toll finden" steigert das Selbstbewusstsein. Das ist eine gute Möglichkeit, es für einen introvertierten Hund sicherer zu machen.
Um die Aufmerksamkeit deines introvertierten Hundes zu gewinnen, ist es nötig, etwas mehr zu tun als die Halter von extravertierten Hunden. Sei präsent und zeige deinem Hund, dass du ihn großartig findest, wenn er dir seine Aufmerksamkeit schenkt. Suche gezielt nach Übungen, die den Hund dazu ermutigen, um Rückversicherung zu bitten, wie beispielsweise Training mit dem Futterbeutel oder Kooperationsübungen. Auf diese Weise wird der Hund mehr mit dir interagieren und die Dinge nicht mehr so sehr mit sich allein ausmachen.

Fördere die bestehenden Fähigkeiten deines introvertierten Hundes, wie zum Beispiel seine Konzentration und Fähigkeit, an einer Sache zu arbeiten. Unterstütze ihn dabei, indem du ihm Aufgaben gibst, die seinen Fähigkeiten entsprechen, wie beispielsweise Nasenarbeit, Mantrailing, Intelligenzspielzeuge oder Tüftelaufgaben.

Mit seiner Bezugsperson kommt Miro sehr aus sich heraus.

Introvertierte im Alltag

Da Introvertierte ihre Gefühle eher nach innen erleben, müssen wir uns intensiv mit ihnen und ihren Stimmungen auseinandersetzen. Ein entscheidender Faktor ist dabei das Lesen ihrer Körpersprache. Indem du lernst, die subtilen Anzeichen von Mimik und Gestik zu erkennen, kannst du auf die Bedürfnisse deines Hundes eingehen und ihm helfen, sich dir zu öffnen. Wichtig ist dabei, auf die Kommunikation deines Hundes zu reagieren und ihm Raum zu geben, wenn er sich zurückziehen möchte oder distanzvergrößerndes Verhalten zeigt. Damit förderst du das Mitteilen der Bedürfnisse deines Hundes.
Wenn der Hund verträglich ist, kann es auch hilfreich sein, ihm Hundefreunde zu suchen. Dabei sollte man allerdings darauf achten, einen balancierten oder nur leicht extravertierten Hund auszuwählen, um unnötigen Stress zwischen den Hunden zu vermeiden. Es kann einige Zeit dauern, bis ein introvertierter Hund sich an neue Situationen und Sozialpartner gewöhnt hat. Geduld und Verständnis sind hier besonders wichtig.
Um dem Hund zu helfen, sich neuen Menschen zu öffnen, sollte man ihm Zeit lassen, sich selbst anzunähern. Ein Besuch, der den Hund zuerst ignoriert, kann dabei helfen, eine sichere Atmosphäre für den Hund zu schaffen.
Introvertierte Hunde können außerdem empfindlich auf laute Geräusche oder hektische Umgebungen reagieren. Wenn du also merkst, dass dein Hund gestresst ist, solltest du versuchen, ihn aus der Situation herauszunehmen oder ihm einen ruhigeren Ort zu bieten, an dem er sich zurückziehen kann.
Einige introvertierte Hunde leiden auch unter Verlustängsten und können Schwierigkeiten haben, allein zu bleiben. In diesem Fall kann es hilfreich sein, deinem Hund langsam beizubringen, dass es in Ordnung ist, allein zu bleiben. Beginne mit kurzen Abwesenheitsphasen und steigere die Dauer allmählich.

Welche Aktivitäten machen deinem introvertierten Hund Spaß?

Introvertierte und Sicherheit

Bei allem, was du mit deinem introvertierten Hund tust, solltest du dir stets bewusst sein, dass es nicht so leichtfällt, seine Gefühle zu erkennen, und dass er möglicherweise mehr Stress erlebt, als es auf den ersten Blick zu sehen ist. Wenn du ihm aber regelmäßig zeigst, dass er bei dir Sicherheit und Ruhe findet, wird er sich mehr und mehr bei dir Unterstützung abholen. Ein Beispiel kann sein, dass der Hund Nähe zu dir sucht, wenn andere Hunde ihn bedrängen. Sorge dann dafür, dass die anderen Hunde Abstand zu euch halten. So kannst du deinem Hund zeigen, dass er sich auf dich verlassen kann, und dass er sich seine Pausen bei dir abholen kann.

Aus der Praxis

Rückzugsmöglichkeiten zur Konfliktvermeidung

Hoomer, der kleine introvertierte Senior, hat Schwierigkeiten damit, mit den anderen Hunden in der Gruppe zu kommunizieren. Er reagiert manchmal aggressiver, als es notwendig wäre.

Der kleine Rüde ist der Meinung, dass das andeutungsweise gezeigte Kräuseln der Lippen schon als Warnung reichen würde. Leider verpassen die wuseligen, extravertierten Hunde diese subtilen Mimikregungen manchmal im Eifer des Gefechts und es kommt zu Konflikten mit überdeutlichen Drohungen und sogar Abschnappen. Hoomers Menschen haben erkannt, dass er Unterstützung braucht, und geben ihm bewusst Pausen und Rückzugsmöglichkeiten, damit er den Raum schaffen kann, den er braucht. Sie reagieren auch frühzeitig, wenn er sich unwohl fühlt, zum Beispiel, wenn er in seiner Körperhaltung steif wird, und schicken die anderen Hunde dann auf Abstand.
Um ihm mit seiner Aggression gegenüber anderen Hunden auf dem Spaziergang zu helfen, wurde zunächst seine Leinenführigkeit verbessert. Allein schon das hat ihm den Stress genommen, die Situationen draußen regeln zu müssen. Sein Mensch geht nun mehr auf seinen Wunsch nach Abstand zu anderen Hunden ein und kommuniziert deutlicher mit ihm, dass sein aggressives Verhalten nicht erwünscht ist.

Hoomer hat auch die Möglichkeit bekommen, sich an verschiedenen Orten im Haus zurückzuziehen, um besser mit Stress umgehen zu können. Dadurch ist das Zusammenleben mit ihm und den anderen Familienmitgliedern harmonischer geworden.

Freddy (vorne) sucht Hilfe bei seinem Menschen.

EXTRAVERTIERTE

Extravertierte im Training

Extravertierte Hunde profitieren sehr von gezielter Konzentrationsarbeit, bei der sie sich auf eine Sache fokussieren müssen. Dies kann unter anderem durch kognitive Beschäftigung, wie zum Beispiel das Lösen von Suchaufgaben oder das Erlernen von Tricks, erreicht werden. Um seine geistigen Fähigkeiten zu fördern und zu fordern, sollten dem Hund genügend Abwechslung und neue Herausforderungen im Training geboten werden. Wenn der Mensch diese nicht auswählt und anbietet, wird der Hund sich seine eigenen suchen. Extravertierte Hunde suchen generell nach positiver Bestätigung und Aufmerksamkeit. Deshalb ist es wichtig, dem Hund klare Rückmeldungen zu geben, wenn er etwas richtig gemacht hat oder wenn man sich über sein Verhalten freut. Dabei ist es aber genauso wichtig, dem extravertierten Hund dabei zu helfen, besser zuzuhören und nicht nur Belohnungen oder Reizen hinterherzujagen. Eine gut aufgebaute Impulskontrolle und klare Grenzen sollten dazu etabliert werden. Dies kann durch gezieltes Training und die Einführung von Regeln und Strukturen erreicht werden. Wenn der Hund es beispielsweise schafft, sich beim Besuch zurückzuhalten und ihm nicht sofort auf den Schoß springt, sondern vielleicht sogar auf seinem Platz bleibt oder an einer Gruppe spielender Hunde leinenführig vorbeiläuft, sollte man dies belohnen, damit er dieses Verhalten in Zukunft wiederholt. Aber Achtung: Zu überschwängliches Lob kann den Hund unnötig aufdrehen. Zu viel Aufregung in der Belohnung könnte dazu führen, dass der Hund in Zukunft aufdringlicher und unkonzentrierter wird. Stattdessen sollte man den Hund ruhig und bestärkend loben.

Für extravertierte Hunde ist alles, was mit Impulskontrolle, Frustrationstoleranz und „Sich-Zurücknehmen" zu tun hat, doppelt so schwer. Deshalb ist es wichtig, ihnen Zeit zu geben und ihnen gezieltes Training und klare Grenzen zu vermitteln, damit sie lernen, sich in verschiedenen Situationen besser zu beherrschen.

1

2

3

Konzentrationsübung

1. Geduld ist gefragt.
2. Intelligenzspielzeuge fordern.
3. Erfolg durch das Finden des Leckerlis.

Langeweile aushalten will gelernt sein.

Extravertierte im Alltag

Es ist wichtig, dass extravertierte Hunde regelmäßig ausreichend Zeit und Gelegenheit zur Entspannung und Ruhe bekommen. Zu viel Action und Aufregung kann für diese Hunde anstrengend und überwältigend sein, auch wenn sie im ersten Moment wie kleine Duracell-Hasen wirken, die keine Pausen brauchen. Ruhezeiten sollten also bewusst in den Alltag integriert werden. Diese Zeiten können beispielsweise durch gezielte Trainingseinheiten (Deckentraining) oder als Ruhepausen nach ausgiebigen Spaziergängen eingeführt werden. Diese Pausen sollten von außen initiiert werden, da extravertierte Hunde aufgrund ihres hohen Energieniveaus und ihres sozialen Verhaltens oft Schwierigkeiten haben, von selbst zur Ruhe zu kommen.

Natürlich sollte dem extravertierten Hund genügend Freiraum und Gelegenheit gegeben werden, um sich auszuleben und seine Energie abzufeuern. Dies kann durch gemeinsame Bewegung und Action erreicht werden, zum Beispiel durch Sport, ausgiebige Spaziergänge oder das Spielen mit anderen Hunden. Wenn der extravertierte Hund dabei sehr hochfährt, kann es helfen, wenn der eigene Hund von einem emotional stabilen und ausgewogenen Artgenossen begleitet wird, der ihm hilft, sich zum Beispiel im Umgang mit anderen Hunden zu regulieren. Achtung: Dieser Hund sollte weder zu introvertiert noch zu extravertiert sein, da ein zu großer oder zu kleiner Unterschied im Energieniveau zu Stress zwischen den Hunden führen kann.

Extravertierte und Frustrationstoleranz

Ein grundsätzlich roter Faden im Alltag und Zusammenleben mit extravertierten Hunden ist der Aufbau und die Förderung von Frustrationstoleranz. Extravertierte Hunde neigen dazu, ihren ersten Impulsen zu folgen, und haben die Fähigkeit, lautstark zu vermitteln, wenn sie etwas wollen oder ein Bedürfnis nicht schnell genug erfüllt wird. Damit der Hund lernt, dass sich die Welt nicht um ihn und seinen Willen dreht, ist es entscheidend, kleine Frustmomente in den Alltag einzubauen. Achtung: Frustrationstoleranz und Impulskontrolle sind zwei verschiedene Ansätze. Bei der Frustrationstoleranz gibt es keine Belohnung für Geduld, anders als bei Impulskontrolle. Frustrationstoleranz bezieht sich auf die Fähigkeit, mit Frustration und Enttäuschung umzugehen, ohne dass dies zu einer übermäßigen emotionalen Reaktion oder Handlung führt.

Aus der Praxis

Frust aushalten lernen

Für die junge Boxerhündin Missy ist es wichtig, eine hohe Frustrationstoleranz zu entwickeln. Dazu eignet es sich, ihr viele verschiedene Eindrücke zu bieten, während sie gleichzeitig lernt, ruhig und kontrolliert zu bleiben. Im Alltag kann Missy beispielsweise „beiläufig" ihre Menschen begleiten und dabei lernen, geduldig zu warten, anstatt sich impulsiv zu verhalten.

Das bedeutet, dass der Mensch im Alltag auch immer wieder „Nein" sagt, wenn Missy etwas fordert oder um Aufmerksamkeit bettelt.
Auch gezieltes Training kann helfen, Missy beizubringen, dass es sich eher lohnt zu warten, als ungeduldig voranzupreschen. Beim Training der Impulskontrolle kann man verschiedene Übungen machen, wie zum Beispiel das „Warten auf Freigabe". Dabei wird dem Hund gezeigt, dass er erst nach einem bestimmten Signal (zum Beispiel einem Freigabewort) das Futter oder das Spielzeug nehmen darf. Wenn Missy lernt, dass es sich eher lohnt zu warten, als impulsiv zu handeln, wird sie im Alltag besser auf ihre Umwelt reagieren können.

Zurückhaltung erfordert Training.

Ruhe lohnt sich

Ein weiterer wichtiger Aspekt beim Training der Impulskontrolle ist das „Antizipieren von Belohnungen". Wenn der Hund eine Aufgabe erfüllt hat, wird er nicht sofort belohnt, sondern muss noch ein paar Sekunden warten. Auf diese Weise lernt der Hund, dass es sich lohnt, auch nach dem Erfüllen der Aufgabe ruhig zu bleiben und auf die Belohnung zu warten.
Ein gut ausgewählter und moderierter Kontakt zu anderen Hunden kann ebenfalls dazu beitragen, dass Missy lernt, dass auch andere Hunde Bedürfnisse und Grenzen haben. Durch solche Erfahrungen kann Missy lernen, sich angemessen gegenüber Sozialpartnern zu verhalten und ihre Impulse zu kontrollieren.
Das Hauptziel bei Hunden wie Missy ist es, ihnen eine „Bremse" beizubringen und ihnen zu helfen, ihre Emotionen und Impulse zu regulieren. Wenn dies erfolgreich ist, wird Missy zu einer großartigen Begleiterin, die alle, die sie trifft, zum Strahlen bringen kann.

Verträglichkeit

Wie interagiert dein Hund mit Sozialpartnern, und wo benötigt er möglicherweise Unterstützung? Braucht er Grenzen, um andere nicht zu überwältigen, oder musst du anderen Grenzen setzen, damit sie ihn nicht bedrängen?

TEAMPLAYER

Teamplayer im Training

Hunde mit hoher Verträglichkeit sind großartige Partner für gemeinsame Unternehmungen. Sie sind nicht besonders wettbewerbsorientiert, behalten jedoch ihren Ehrgeiz. Diese Hunde sind neugierig, aber nicht pedantisch. Sie freuen sich gern und schätzen großzügiges Loben. Die ausgeprägte Kooperationsbereitschaft dieser Hunde ermöglicht eine effiziente Zusammenarbeit in verschiedenen Situationen und Übungen. Selbst das Einüben langer Handlungsketten bereitet ihnen keine Schwierigkeiten, sofern du ihre Konzentration aufrechterhältst. Achte darauf, sie nicht zu überfordern und gönne ihnen regelmäßig Pausen.

Auch Teamplayer brauchen Grenzen.

Teamplayer im Alltag

Teamplayer sind echte Goldschätze und bereiten ihren Menschen großes Vergnügen. Aber sie brauchen auch Unterstützung von ihren Haltern. Du solltest also für deinen Hund einstehen und seine Grenzen verteidigen, wenn diese von anderen Hunden oder Menschen überschritten werden. Dein Hund lässt sich den Knochen von einem anderem aus dem Maul klauen? Setze dich für deinen Hund ein und sorge dafür, dass seine Grenzen respektiert werden. Auf diese Weise kannst du deinem Hund das Gefühl vermitteln, dass du ihn schützt und ihm hilfst, sich durchzusetzen. Das stärkt eure Beziehung.
Sei dir bewusst, dass nicht alle Hunde so freundlich und aufgeschlossen sind wie dein Teamplayer. Deshalb achte darauf, dass dein Hund lernt, sich höflich und ruhig an andere Hunde anzunähern, damit er nicht versehentlich in unbequeme Zeitgenossen rennt und sich auf sie stürzt – auch wenn er „nur spielen will". Stattdessen sollte man ihm beibringen, die Grenzen anderer Hunde und Menschen zu respektieren und sich angemessen zu verhalten.

Charmant umgarnt, ...

... so entsteht Lust auf Spiel!

Teamplayer und andere

Wenn der Besuch beispielsweise nicht möchte, dass sich die 70-Kilo-Dogge auf seinen Schoß setzt, sollte man den Hund daran hindern, sich „zu freundlich" zu verhalten. Auf diese Weise kann man sicherstellen, dass der Hund die Grenzen anderer respektiert und kein unerwünschtes Verhalten zeigt. Und bei alldem: Genieße deinen Hund und die Persönlichkeit, die er hat. Verträgliche Hunde sind im Umgang mit anderen in der Regel echte Schätze und bringen viel Freude und Leben in das Zusammensein mit Menschen und anderen Hunden. Deshalb sollte man ihre Energie und ihren Enthusiasmus schätzen und ihnen die Gelegenheit geben, sich auszuleben und zu entfalten.

Aus der Praxis

Ein achtsamer Umgang miteinander

Für Fina ist es wichtig, dass ihre Menschen ihre Grenzen verteidigen und auf ihre Sensibilität achten. So werden die anderen Hunde von den Haltern weggeschickt, wenn Fina eine Kaustange hat, um sicherzustellen, dass sie ungestört daran knabbern kann.

Auch wird die zweite Hündin in der Familie zwischendurch von den Haltern in eine Pause geschickt, damit Fina sich von ihren Spielattacken erholen kann. Ihre Menschen achten auch darauf, dass sie in der Anwesenheit von Fina ihre Stimmungen kontrollieren und keine lauten Streitgespräche führen – eine gute Regelung für jede Familie. Fina kann sich so immer sicherer fühlen und lernt, ihre Scheu mehr und mehr abzulegen. Die Tatsache, dass sie überall mitgenommen wird und immer mehr Erfahrungen sammeln kann, hilft ihr dabei, selbstbewusster zu werden. Insgesamt ist Fina eine fantastische Hündin, die bei ihren Haltern einen unglaublich guten Platz gefunden hat. Dank der achtsamen und verantwortungsvollen Herangehensweise ihrer Menschen kann Fina ihre Persönlichkeit vollends entfalten.

Steh für deinen Hund ein.

1

2

3

4

EINZELKÄMPFER

Einzelkämpfer im Training

Im Training kannst du kooperatives Verhalten deines Einzelkämpfers besonders gut fördern. Eine Möglichkeit ist es, Übungen auszuwählen, die deinen Hund dazu anregen, bei dir um Rückmeldung oder Hilfe zu bitten. Dies können Futterbeutelspiele oder Kooperationsübungen sein. Beispiele dafür sind: Lege ein Stück Futter oder ein begehrtes Spielzeug unter einen umgestülpten Eimer (beschwere diesen, falls dein Hund sehr körperlich vorgeht). Lass deinen Hund kommentarlos selbst probieren, an das Objekt heranzukommen. Sollte er sich im Laufe der Zeit mal zurücknehmen (Schritt nach hinten, oder hinsetzen) oder sogar einen Blickkontakt zu dir aufbauen, kannst du ihm den Deckel anheben und ihn das Objekt nehmen lassen. Wiederhole das immer wieder, auch in unterschiedlichen Kontexten. Eine Variation dieser Übungen ist beispielsweise, Spielzeug unerreichbar auf einem Baum zu verstecken.

1. Futter unter den Eimer.
2. Blickkontakt abwarten.
3 Das war richtig.
4. Freigabe erfolgt.

Belohne dann kooperatives Verhalten deines Hundes überschwänglich. Arbeite auch an der Impulskontrolle deines Hundes, sodass er nicht direkt seinen ersten Ideen nachgeht.
Als weniger verträglicher Hund neigt er dazu, andere Sozialpartner zu kontrollieren und Verhalten zu korrigieren. In den Fällen solltest du in der Lage sein, deinen Hund abzurufen oder ihn in Entfernung abzulegen. Um zu verhindern, dass dein Hund eine Futteraggression entwickelt, solltest du mit ihm das „Aus“-Geben an Stellvertretersituationen intensiv trainieren.

Einzelkämpfer im Alltag

Hunde mit einer niedrigen Ausprägung auf dem Merkmal Verträglichkeit zeigen ein deutliches Dominanzverhalten und neigen dazu, ihre Bedürfnisse und Interessen gegenüber Sozialpartnern durchzusetzen. Daher ist es wichtig, klare Grenzen zu setzen und dem Hund klare Regeln und Strukturen zu vermitteln, damit er lernt, sich in verschiedenen Situationen angemessen zu verhalten. Im Umgang mit einem Einzelkämpfer ist es besonders wichtig, vorausschauend zu handeln und im Hinterkopf zu behalten, dass diese Hunde nicht konfliktscheu sind. Eine gute Strategie ist es beispielsweise, Ressourcen wie Futter oder Spielzeuge wegzuräumen, wenn andere Hunde oder Menschen in der Nähe sind, um zu verhindern, dass der Hund aggressives oder verteidigendes Verhalten zeigt.

Einzelkämpfer und Vertrauen

Das Vertrauen eines nicht so verträglichen Hundes kann man gewinnen, indem man ihm Zeit und Raum gibt, sich auf seine Art zu öffnen. Dazu sollte man die Körpersprache des Hundes lesen können und auf seine subtilen Gefühlsregungen in Mimik und Gestik achten. Fängt man dabei zusätzlich noch an, auf die Bedürfnisse des Hundes einzugehen und ihm das Gefühl zu geben, verstanden und respektiert zu werden, wird er sich mehr und mehr öffnen und Vertrauen aufbauen.

Die gelbe Schleife signalisiert: „Wir wollen keinen Kontakt“.

Um sicherzustellen, dass der Einzelkämpfer in einer stressigen Situation, wie zum Beispiel bei eintreffendem Besuch, entspannt bleibt, sollte man ihm immer die Möglichkeit geben, sich zurückziehen zu können und Ruhe zu finden. Eine sichere und entspannte Atmosphäre kann durch Instruktionen an den Besuch geschaffen werden, dem Hund zuerst Raum zu geben und ihn „links liegen zu lassen“, wenn er das wünscht. Auf diese Weise kann der Hund sich an die Anwesenheit von Fremden gewöhnen und schließlich auch entspannen.
Hast du einen Einzelkämpfer, dann ist es wichtig, dass du deinem Hund die Freiheit gibst, soziale Interaktionen mit anderen Hunden zu seinen eigenen Bedingungen zu wählen. Wenn dein Hund nicht interessiert oder sogar gestresst bei Begegnungen ist, versuche Situationen zu vermeiden, die ihn in Unbehagen bringen könnten. Suche dir bewusst Wege, um insbesondere zufällige Freilaufkontakte zu vermeiden, oder kommuniziere mit den anderen Hundehaltern, damit eine respektvolle Distanz zwischen den Hunden gewahrt wird. Trainiere dann, welches Verhalten du dir von deinem Hund wünschst und welches nicht angebracht ist. Eine Möglichkeit, um andere darauf aufmerksam zu machen, dass dein Hund nicht von anderen Hunden gestört werden möchte, ist die Verwendung einer gelben Schleife oder eines anderen visuellen Signals an der Leine.

Einzelkämpfer und Grenzen

Achte grundsätzlich darauf, dass du deinem Hund Grenzen setzt, wenn er sich unhöflich gegenüber anderen Hunden verhält. Alternativ kannst du ihn auch aus der Situation nehmen, in der das unerwünschte Verhalten stattfindet. Wenn dies nicht möglich ist, solltest du im Namen der anderen Hunde Grenzen setzen, indem du deinem Hund klare Anweisungen gibst, wenn er sich nicht an Regeln hält. Es ist wichtig, dass du deinem Hund zeigst, dass unerwünschtes Verhalten nicht toleriert wird, und dass er lernen muss, respektvoll und höflich zu anderen zu sein.
Bei Einzelkämpfer-Hunden braucht der Mensch grundsätzlich eine stabile Souveränität. In Situationen, in denen dein Hund sich vielleicht auflehnen möchte, versuche selbst ruhig zu bleiben, vorausschauend und kreativ zu handeln. Lasse dich dabei nicht von seinem rüpelhaften Verhalten beeinflussen, sondern suche stattdessen zu gegebenen Zeiten Stellvertretersituationen, in denen du mit ihm Grenzen „ausdiskutieren“ kannst. Grundsätzlich gilt es, bei solchen Hunden dranzubleiben. Es ist wichtig, dass du bei deinen Trainingseinheiten und Erziehungsmethoden konsequent bleibst und dich nicht so leicht von deinem Hund abwimmeln lässt.

Aus der Praxis

Der Wunsch nach Distanz

Cookie möchte keinen Kontakt zu anderen Hunden. Er setzt sehr deutliche Grenzen, wenn sie in seinen Nahbereich kommen. Um zu verhindern, dass er sich einerseits damit unwohl fühlt, und andererseits überdeutlich seinen Wunsch nach Abstand kommuniziert, ist es die Aufgabe der Halterin geworden, dafür zu sorgen, dass er genug Raum zur Verfügung hat.

Sie hat zunächst eine solide Leinenführigkeit aufgebaut und Seitenwechsel trainiert, sodass Cookie auf die abgewandte Seite geschickt werden kann, wenn ihm ein Hund entgegenkommt. Im Freilauf mit anderen Hunden hat Cookie gelernt, dass er sich auf seinen Menschen verlassen und seine Nähe suchen kann, und andere Hunde auf Abstand gehalten werden. Dies hat dazu geführt, dass er sich immer sicherer fühlt, da sein Wunsch nach Distanz vom Menschen durchgesetzt wird und er keinen Konflikt mit anderen Hunden eingehen muss.
Dank geführter Leinen-Spaziergänge in der Gruppe, den sogenannten Social Walks, fühlt sich Cookie mittlerweile in der Nähe anderer Hunde sicher, insbesondere, wenn diese auch an der Leine geführt werden. Er hat sich zu einem „Pufferhund“ entwickelt, der gut eingesetzt werden kann, um besonders aufgeregte Hunde zu beruhigen. Die Ignoranz von Cookie gegenüber anderen Hunden wirkt oft beruhigend auf sie.

1

2

3

1. Ziel: Die Situation entschärfen.
2. Seitenwechsel für mehr Abstand.
3. Der Mensch als Schutzschild.

Emotionale Stabilität

Die Fähigkeit zur Bewältigung von Stress, Frust und negativen Gefühlen steht für die emotionale Stabilität eines Hundes. Die emotionale Stabilität ist ein Maß für Resilienz und Ausgeglichenheit.

DIE UNERSCHÜTTERLICHEN

Unerschütterliche im Training

Hunde, die eine hohe Ausprägung auf dem Merkmal emotionale Stabilität aufweisen, hier die „Unerschütterlichen", lassen sich nicht leicht aus der Ruhe bringen. Sie brauchen ausreichend Zeit, neue Fähigkeiten zu erlernen und Lob für konzentriertes Verhalten. Vermeide übermäßigen Druck und zu viele Wiederholungen, um Langeweile und auch Frustration zu vermeiden. Achte darauf, Anzeichen hierfür frühzeitig zu erkennen und sorge für Herausforderungen, um sein Interesse aufrechtzuerhalten. Trotz ihrer Gelassenheit benötigen unerschütterliche Hunde geistige Stimulation und Abwechslung.

Mutig und entschlossen stellt sich Daya der Welt.

Unerschütterliche im Alltag

Unerschütterliche sind mutig und haben wenig Scheu, sind oft risikobereit und neigen dazu, sich selbst gefährlichen Situationen auszusetzen. Es ist wichtig, als Halter in der Lage zu sein, die Risiken für ihn abzuschätzen. Wenn nötig, sollte man ihn zurückhalten und ihm klare Anweisungen wie „Nein" oder „Stopp" geben, um ihn vor Übermut zu schützen. Es ist auch wichtig, Rücksicht auf andere Menschen und Hunde zu nehmen und sicherzustellen, dass der Hund niemanden überrumpelt oder durch seine Art überfordert. Da diese Hunde selbstsicher und souverän sind, benötigen sie einen entsprechenden Umgang, um von den gesetzten Grenzen überzeugt zu werden. Es kann vorkommen, dass sich dein Hund öfter mit dir „reiben" möchte, aber es ist wichtig, in solchen Situationen souverän zu bleiben und vorausschauend und kreativ vorzugehen. Es ist empfehlenswert, Stellvertretersituationen zu suchen, in denen man Grenzen mit dem Hund wohlwollend, aber deutlich und konsequent „ausdiskutieren" kann.

Aus der Praxis

Gezieltes Training hilft

Lotte braucht Regeln und Grenzen, sie muss wissen, welches Verhalten erwünscht und welches nicht toleriert wird. Ihre Menschen sorgen dafür, dass sie insbesondere in „brenzligen" Situationen (viel Nähe zu fremden Menschen) keine Möglichkeit hat, ihren Impulsen, nämlich selbst für ausreichend Abstand zu sorgen, nachzukommen.

In diesen Fällen wird Lotte hinter ihrem Menschen geführt und ist im Zweifel auch durch einen Maulkorb abgesichert. Durch gezieltes Training lernt Lotte, auf Distanz positiv auf fremde Menschen zu reagieren und auf Signale wie „Dreh dich" oder „Sitz auf Entfernung" von ihnen zu hören. Dabei erfährt sie, dass es keine Bedrohung darstellt, wenn Menschen ihr in die Augen sehen, und dass es sich für sie lohnt, auf deren Anweisungen zu achten.
Außerhalb des Trainings sorgt die Halterin dafür, dass Menschen Lotte zunächst ignorieren, sei es bei Spaziergängen mit Bekannten oder bei Besuch zuhause. Durch diese Ignoranz der Menschen gegenüber Lotte hat sich ihre Stimmung und Haltung ihnen gegenüber verändert, sie umgarnt sie regelrecht mit ihrer freudigen Neugierde. Lotte ist durch ihre eher hohe emotionale Stabilität und ihren großen Mut dazu bereit, neue, aufregende Erfahrungen zu machen und sich auf neuartige Situationen aller Art einzulassen.

Eine solide Leinenführigkeit ist sehr wichtig.

Beschwichtigungssignale sollen deeskalieren ...

... und eine freundliche Gesinnung signalisieren.

DIE HASENPFOTEN

Hasenpfoten im Training

Es ist wichtig, dass du die Stärken deines Hundes erkennst und sie förderst. Wenn dein Hund etwas besonders gut kann oder Spaß an einer bestimmten Sache hat, gib ihm die Gelegenheit, diese Fähigkeiten zu nutzen und zu verbessern. Durch diese positiven Erfahrungen wird sein Selbstbewusstsein gestärkt und er wird sich sicherer fühlen. Belohne ihn auch dafür, wenn er sich für etwas überwindet oder eine schwierige Übung meistert. Lasst euch Zeit, wenn du etwas Neues mit deinem Hund lernen möchtest. Du solltest darauf achten, dass du ihn nicht überforderst, und halte die Lerneinheiten kurz. Motiviere ihn dabei mit etwas, das er wirklich gut findet, und halte die Stimmung positiv aufrecht.

Hasenpfoten im Alltag

Für einen Hund mit einer niedrigen Ausprägung auf dem Merkmal „emotionale Stabilität" ist es wichtig, dass du ihm Sicherheit gibst, indem du seine Ängste ernst nimmst und ihm gleichzeitig Vertrauen vermittelst. Manchmal kann es vorkommen, dass dein Hund ambivalentes Verhalten zeigt, wie zum Beispiel, sich vor dich zu stellen, um dich vor einer vermeintlichen „Gefahr" zu schützen, aber dabei selbst ängstlich zu sein. In solchen Situationen solltest du dich zwischen deinen Hund und die vermeintliche Gefahr stellen und deine Aufmerksamkeit auf diese richten. Vermeide es jedoch, deinen Hund verbal zu „beruhigen", da er dies als Bestätigung für sein Verhalten und seine Stimmung auffassen kann. Stattdessen solltest du selbst ruhig und gelassen bleiben und ihm eine „Ich-habe-alles-im Griff"-Stimmung vermitteln. Du kannst deinem Hund gern Körperkontakt anbieten, wenn er sich an dich lehnt oder hinter dir versteckt.

Besonders bei Hunden mit dieser Charakterausprägung ist es wichtig, die Körpersprache zu verstehen, um subtile Stimmungsänderungen wahrnehmen zu können. Wenn du dann auf seine Bedürfnisse eingehst, wie zum Beispiel nach Abstand oder Rückzug, wird dein Hund dir mehr vertrauen und sich von deiner emotionalen Stabilität inspirieren lassen.

Diese Hunde sind sehr empfänglich für Stress und können schlecht damit umgehen. Sie brauchen nach stressigen Erfahrungen Erholung und dazu möglicherweise auch deine Unterstützung, wenn sie aufgrund der hohen Erregung nicht zur Ruhe kommen können. Du solltest dann festlegen, wann dein Hund Ruhezeiten hat und ihm zugewiesene Ruheplätze zur Verfügung stellen.

Hasenpfoten und Grenzen

Besonders Hunde, die in sich keine große Stabilität haben, brauchen klare Grenzen von dir, damit sie sich sicher fühlen können. Setze also Grenzen, ohne dabei zu hart oder gar laut zu werden. Stattdessen solltest du ihm auch immer alternative Lösungen für eventuell unerwünschtes Verhalten aufzeigen, damit er lernt, sich in für ihn schwierigen Situationen angemessen zu verhalten. Bevor sich der Hund also für seine eigene Lösung innerhalb einer Situation entscheidet, ist es gut, ihm andere Lösungen anzubieten. Zeige ihm das Verhalten, das du von ihm in bestimmten Situationen erwartest, und verfestige es. Beispielsweise bringst du ihm bei, dass er sich hinsetzt, wenn ein fremder (für ihn gruseliger) Mensch vorbeiläuft. Besonders in Situationen, in denen wir unsere Hunde räumlich einschränken, wie durch ein Sitz-Signal, solltest du dafür sorgen, dass dein Hund ausreichend Abstand zu der „Gefahr“ hat. Trainiere also erst auf Abstand und nähere dich dann schrittweise an. Dein Hund soll sich auf dich verlassen können,

das bedeutet, dass du ihn nicht in eine Situation bringst, in der er sich hilflos ausgeliefert fühlt.

Hasenpfoten und Sicherheit

Auch zuhause gilt es, deinem Hund das Gefühl von Sicherheit und Geborgenheit zu vermitteln. Es ist dazu empfehlenswert, ihm einen eigenen Rückzugsort zur Verfügung zu stellen. Du kannst dazu eine spezielle Sicherheitszone einrichten, in der sich dein Hund zurückziehen und ungestört ausruhen kann. Wichtig hierbei ist, dass wirklich alle – egal ob Familienmitglieder, andere Haustiere oder auch Besuch – diese Rückzugszone respektieren. Stehe in solchen Momenten für deinen Hund ein und bestehe darauf, dass die anderen darauf Rücksicht nehmen. Ein geeigneter Platz dafür ist beispielsweise ein gemütliches Körbchen, eine offene Box in einer abgewandten Ecke des Raums oder ein ähnlicher Ort – bitte nicht in einem Durchgangsbereich. Auf diese Weise kann sich dein Hund entspannen und ruhen, ohne gestört zu werden. Zudem ist es wichtig, dass du sehr genau auf das Verhalten deines Hundes achtest, insbesondere, wenn er dazu neigt, negative Gefühle durch Aggressionen gegenüber anderen oder sich selbst auszudrücken. In solchen Fällen solltest du schnell eingreifen und deinem Hund Alternativen zu diesem Verhalten bieten. Für bestimmte Situationen ist der Aufbau eines Abbruchsignals dann empfehlenswert.

Möglicherweise braucht dein Hund im Alltag ein geeignetes Ventil für seine negativen Gefühle. Dies könnten Kauartikel oder Zieh- und Zerrspiele sein. Wenn dein Hund einen stabilen Hundefreund hat, können auch gemeinsame Spieltreffen ein Ventil bieten.

Der Mensch bietet Schutz und Sicherheit.

Grundsätzlich

Wenn du das Gefühl hast, dass du mit deinem Hund überfordert bist, solltest du nicht zögern, professionelle Hilfe bei einem Trainer oder einem Verhaltensberater zu suchen. Ein solcher Hund kann für seine Halter eine Herausforderung sein und es ist gut, sich Unterstützung von jemandem zu holen, der Erfahrung in diesem Bereich hat. Bei der Arbeit und dem Zusammenleben mit einem solchen Hund ist es wichtig, dass du in der Lage bist, deine eigenen Gefühle zu reflektieren und an deiner eigenen emotionalen Stabilität zu arbeiten. Hasenpfoten brauchen starke und emotional stabile Menschen, die ihnen dabei helfen können, sich sicher und geborgen zu fühlen. Eine tolle Gelegenheit, gemeinsam zu wachsen!

Aus der Praxis

Verhaltensveränderung durch Beziehungsarbeit

Für Elfi kam die größte Veränderung in ihrem Verhalten dadurch, dass ihre Halter sehr darauf geachtet haben, ihr weniger Entscheidungen zu überlassen. Ihr kontrollierendes Verhalten, bei dem sie ständig hinter ihren Menschen herlief, wurde durch räumliche Einschränkungen und eine Sicherheitszone unterbunden.

Außerdem durfte sie nicht mehr als Erste den Besuch „überprüfen", sondern musste sich ihre notwendige Sicherheit hinter ihren Menschen holen. Ihr wurde immer wieder angeboten, sich auf ihren Platz zurückzuziehen, was sie gern annahm. Dadurch schläft sie nun viel mehr und lässt sich nicht mehr durch jedes Geräusch oder Verhalten aus der Ruhe bringen. Auch im Umgang mit anderen Menschen wurde darauf geachtet, dass sie sich zwar immer wieder Schutz und Sicherheit bei ihren Haltern holen durfte (kontaktliegen, anlehnen oder unter die Füße legen), jedoch nicht mehr ständig für das Betteln nach Aufmerksamkeit belohnt wurde. Um ihrer Unsicherheit draußen entgegenzuwirken, wurde zunächst eine stabile Leinenführigkeit trainiert, wobei Elfi eher hinter ihren Menschen läuft, um nicht den Job des Beschützers übernehmen zu müssen.
Nach stressigen Situationen im Alltag werden ihr Kauartikel angeboten, damit sie ihre angestauten Emotionen daran auslassen kann.
Durch all diese Veränderungen hat sich Elfi gut entwickelt und ihre wundgeleckten Pfoten heilen endlich.

Kauen baut Stress ab.

Fremde Hunde einschätzen

Das Einschätzen von fremden Hunden ist sowohl im Alltag von Menschen, die mit Hunden arbeiten, als auch für Hundehalter hilfreich. Es ermöglicht zum Beispiel, sinnvolle Sozialkontakte für den Hund auszuwählen.

Besonders für Hundetrainer, aber auch Tierheimmitarbeiterinnen, Gassi-Geher oder Hundepensionsbetreiberinnen ist es wichtig, Hunde schnell einschätzen zu können. Sei es, um sie in die geeignete Gruppe zu sortieren, die richtigen Halter auszusuchen oder auch, um ein erfolgreiches Training mit ihnen zu starten.
Dazu kann man, wenn die Zeit es zulässt, entweder die Hundehalter oder Pfleger um das Durchführen des Tests bitten oder man versucht selbst eine grobe Einschätzung, indem man sich auf den deutlichsten Wesenszug konzentriert.
Achtung: Hierbei handelt es sich ausschließlich um eine subjektive Einschätzung. Die Persönlichkeit eines Hundes ist komplex sowie dynamisch und kann von verschiedenen Faktoren beeinflusst werden. Daher sind die Ergebnisse als allgemeine Einschätzung zu verstehen, nicht als feste Tatsache. Um die Persönlichkeit eines Hundes in Gänze zu verstehen und gezielte Trainingsmaßnahmen zu ergreifen, sollte sein Verhalten über einen längeren Zeitraum beobachtet werden. Versuche den Hund deshalb nicht in eine Schublade zu stecken, sondern die Einschätzung als einen lockeren Erklärungsversuch für das grundsätzliche Verhalten des Hundes zu betrachten.

KÖRPERSPRACHE UND AUSDRUCKSVERHALTEN

Wir können den Hund nicht fragen, was wirklich in ihm vorgeht. Wir können ihn lediglich anhand seines Verhaltens beurteilen. Dazu müssen wir Hunde aufmerksam und ohne Bewertung intentisv beobachten, um ihre Stimmung und Absichten zu verstehen. Eine gründliche Auseinandersetzung mit ihrer Körpersprache ist dabei von großer Bedeutung.

Hündisches Ausdrucksverhalten ist vielseitig und individuell.

DIE EIGENE PERSÖNLICHKEIT

In jeden Persönlichkeitstest, den wir zu unseren Hunden erstellen, fließt auch immer etwas von der eigenen Persönlichkeit mit ein. Denn ein ängstlicher Mensch hat vielleicht eine besondere Brille, wenn es um die Ängstlichkeit seines Hundes geht. Ein introvertierter Mensch sieht in seinem Hund vielleicht einen ähnlichen Charakter, obwohl der Hund einfach nur wenig Kontakt mit anderen hat, da sein Mensch nicht sonderlich gesellig ist.
Hundetrainer sehen Hunde meist in besonderen Kontexten. Oftmals stellen wir Extremsituationen oder sind mit unserer emotionalen Sicherheit ansteckend auf Halter und Hund, weswegen sich die Persönlichkeit des Hundes vielleicht in diesen Momenten anders zeigt. Auch diese Gedanken sollten wir beim Einschätzen der Hunde immer im Hinterkopf haben.

VOM VERHALTEN AUF DEN CHARAKTER SCHLIESSEN

Es folgt eine Liste mit Merkmalen, woran du am Verhalten den Charakter erkennen könntest.

Allgemein gilt:

- Konzentriere dich auf die deutlichsten Wesenszüge des Hundes. Welche Verhaltensweisen fallen besonders auf und treten regelmäßig und häufig auf?
- Es kann sein, dass ein Hund, dessen Wesenszüge schwer einzuschätzen sind, als ausgeglichen und in Balance beschrieben wird. Dies kann bedeuten, dass er wenig Extreme in seinem Verhalten zeigt und in verschiedenen Situationen unterschiedlich reagieren kann.
- Berücksichtige, dass der Hund sich dir gegenüber vielleicht anders verhält als anderen gegenüber und in unterschiedlichen Situationen unterschiedlich handelt. Insbesondere, wenn du als Außenstehender auf den Hund schaust.
- Es gibt oft einen Unterschied, wie sich der Hund Menschen oder Hunden gegenüber verhält. Dies gilt im Besonderen für die Merkmale Verträglichkeit und Extraversion.
- Manche Hunde fallen dadurch auf, dass sie sehr individuelle Verhaltensweisen zeigen, auf situationsspezifisches Verhalten trainiert sind oder in bestimmten Bereichen von Traumata oder Erlebnissen betroffen sind. Versuche also, diese Hunde nicht zu kategorisieren. Akzeptiere die Tatsache, dass nicht alle Hunde beurteilt werden können.

Die Persönlichkeit eines Hundes beeinflusst sein Verhalten.

WORAN ERKENNT MAN …

… GEWOHNHEITSTIERE UND ABENTEURER (OFFENHEIT FÜR ERFAHRUNGEN)?

Gewohnheitstier	Abenteurer
Verhält sich in fremder Umgebung langsam und zurückhaltend.	Erkundet fremde Umgebungen offen und mutig.
Zeigt sich nicht sonderlich neugierig.	Untersucht Neues interessiert.
Geht auf Fremde zurückhaltend zu. Zeigt möglicherweise Stresssymptome im Kontakt.	Ist offen gegenüber Fremden.
Steigt bei neuen Übungen schnell aus und zeigt sich überfordert, meist zu sehen an Übersprungshandlungen.	Zeigt Interesse an neuen Übungen oder Aufgaben.
Empfindet negativen Stress bei zu vielen neuen Eindrücken (Stressreaktionen sichtbar).	Zeigt wenig oder keine Stressreaktionen bei vielen neuen Eindrücken.
Hat Probleme bei Veränderung im Kontext. Beispiel: Bleibt eher inaktiv, als kreativ etwas auszuprobieren. Es dauert lange, Neues zu generalisieren.	Hat kein Problem mit Veränderung im Kontext, probiert dann andere Wege aus. Beispiel: Schlägt alles Mögliche vor, wenn er das Signal nicht versteht.

… REBELLEN UND PERFEKTIONISTEN (GEWISSENHAFTIGKEIT)?

Kleiner Rebell	Perfektionist
Ist impulsiv, geht seinen Bedürfnissen nach.	Ist führig und bleibt ansprechbar.
Lässt sich sehr leicht ablenken.	Kann sich auch länger auf eine Aufgabe konzentrieren.
„Vergisst“, was die Aufgabe war.	Kann Ablenkungen auch mal ausblenden.
Überschreitet Grenzen anderer unbedarft.	Will gefallen und tut viel für den Menschen.
Scheint nicht viel über Konsequenzen nachzudenken.	Geht bedacht mit anderen um.

… INTROVERTIERTE UND EXTRAVERTIERTE (EXTRAVERSION)?

Introvertiert	Extravertiert
Zurückhaltend gegenüber Fremden.	Aufgeschlossen und interessiert an Fremden.
Versucht bewusst, nicht im Mittelpunkt zu stehen.	Steht gern im Mittelpunkt und sucht Aufmerksamkeit.
Ist oft angespannt im Kontakt mit anderen (Stressreaktionen sichtbar).	Fühlt sich im Kontakt mit anderen wohl und sicher.
Hält sich eher am Rand auf, beobachtet mehr, als zu handeln.	Ist mittendrin und hat ständig „was zu tun“.
Hat kein besonders hohes Energielevel oder Drang nach Aktivität.	Hat einen großen Drang nach Aktivität. Kann nicht „stillsitzen“.
Kann sich problemlos länger allein beschäftigen.	Hat einen Drang nach Belohnung.
Zeigt sich manchmal überfordert in größeren Hundegruppen (Stressreaktionen und Übersprungshandlungen sichtbar).	Kommuniziert deutlich, manchmal übertrieben.
Zieht sich, sobald möglich, aus dem Kontakt raus.	
Kommuniziert eher subtil.	

… EINZELKÄMPFER UND TEAMPLAYER (VERTRÄGLICHKEIT)?

Einzelkämpfer	Teamplayer
Misstrauisch gegenüber Fremden.	Wirkt sanftmütig und freundlich.
Hat eine größere Konfliktbereitschaft.	Meidet Konfrontationen.
Korrigiert sehr schnell das Verhalten anderer.	Lässt sich leicht korrigieren.
Vertraut Fremden nur langsam oder sogar überhaupt nicht.	Vertraut schnell und bandelt auch schnell an.
Besteht auf seinem Standpunkt. Setzt seine Grenzen deutlich durch.	Ist flexibel in seinem Standpunkt, lässt sich auch mal überrennen.
Zeigt oft rücksichtsloses Verhalten.	Ist rücksichtsvoll und drängt sich nicht auf.

… HASENPFOTEN UND UNERSCHÜTTERLICHE (EMOTIONALE STABILITÄT)?

Hasenpfote	Unerschütterlich
Ist oft unsicher und ängstlich.	Ist sicher und mutig in seinem Verhalten.
Kommt nicht gut mit Druck oder Stress klar.	Kommt gut mit Druck und Stress klar.
Ist oft überfordert, zeigt Stresssymptome und Übersprungshandlungen.	Kann sich schnell von stressigen Situationen erholen.
Ist hektisch und nervös.	Wirkt selbstbewusst, ruhig und gelassen.
Lässt sich schnell aus der Ruhe bringen.	Ist für andere „der Fels in der Brandung".

SERVICE

LITERATUR

Cobb-Clark, D. A.; Schurer, S.: **The stability of big-five personality traits.** Economics Letters, 115 (1), 11–15, 2012

Specht, J.; Egloff, B.; Schmukle, S. C.: **Stability and change of personality across the life course.** The impact of age and major life events on mean-level and rank-order stability of the Big Five. Journal of Personality and Social Psychology, 101 (4), 862 , 2011

Stillman, S.; Velamuri, M.: **Are Personality Traits Really Fixed and Does It Matter?** Institute of Labor Economics (IZA), 2020

De Raad, Boele: **The big five personality factors,** Hogrefe & Huber Publishers, 2000

MacCann, C.; Ziegler, M.; Roberts, R. D.: **Faking in Personality Assessment: Reflections and Recommendations.** In Ziegler, M.; MacCann, C.; Roberts, R.D. (Eds.): New Perspectives on Faking in Personality Assessment (pp. 309–329). New York, NY: Oxford University Press, 2011

Morrill, K.; et al.: **Ancestry-inclusive dog genomics challenges popular breed stereotypes,** Science, Band 376, S. 475, 2022

Nitzschner, Marie: **Die Persönlichkeit des Hundes,** Kosmos Verlag, 2021

Stocké, V.: **Entstehungsbedingungen von Antwortverzerrungen durch soziale Erwünschtheit.** Zeitschrift für Soziologie, Jg. 33, Heft 4, August 2004, S. 303–320, 2004

Thiemann, H.: **Sozial erwünschte Antworttendenzen bei der Bewerberauswahl mit Persönlichkeitsfragebögen,** Dissertation, Ruhr-Universität Bochum, 2006

Vollrath, M.; Torgersen, S.: **Who takes health risks?** A probe into 8 personality types. Personality and Individual Differences, 32/7, 1185-1197, 2002

ZUM WEITERLESEN

Both, Sarah: **Hund im Stress?** Entspannter Hund, Verlag Herz & Verstand, 2022

Feddersen-Petersen, Dorit: **Hundepsychologie,** Kosmos Verlag, 2013

Grewe, Michael; Meyer, Inez: **Hunde brauchen klare Grenzen,** Kosmos Verlag, 2010

Krämer, Eva-Maria: **Der Kosmos Hundeführer,** Kosmos Verlag, 2017

Lorber, Lars: **Menschenkenntnis – Der große Typentest: So entschlüsseln Sie die Stärken und Schwächen,** C.H. Beck, 2015

Heberlein, Marianne T. E.; Manser, Marta B.; Turner, Dennis C.: **„Deceptive-like behaviour in dogs (Canis familiaris)"**; 2017

Satow, L: **Big-Five-Persönlichkeitstest (B5T),** Test- und Skalendokumentation, 2012

Satow, L: **Skala zur Erfassung von Testverfälschung durch positive Selbstdarstellung und sozialerwünschte Antworttendenzen** (SEA), Dr. L. Satow, 2012

Saum-Aldehoff, Thomas: **Big Five: Sich selbst und andere erkennen,** Patmos Verlag, 2007

Ücüncü, Gülay: **Der gelassene Hund,** Kosmos Verlag, 2019

NÜTZLICHE EMPFEHLUNGEN UND ADRESSEN

Coaching für Hundehalter
Hundetraining und Verhaltensberatung
Hanna David
Alte Bergstraße 91
64665 Alsbach-Hähnlein
0173 632 70 33
info@hundehalter-coaching.de
www.coaching-fuer-hundehalter.de

Ernährungsberatung für entspannte Hunde
Nellys Pfotenglück
Lisa Kürz
www.nellyspfotenglueck.de

Ziemer & Falke – Schulungszentrum für Hundetrainer GmbH & Co. KG
Blanker Schlatt 15
26197 Großenkneten
info@ziemer-falke.de

Dogworld-Stiftung, Lebenshilfe für verwaiste Hunde
Zur Schleuse 30
49744 Geeste
info@tierheim-stiftung.de
www.tierheim-stiftung.de

Berufsverband zertifizierter Hundetrainer e.V.
Oberweg 18
D-56291 Laudert
geschaeftsstelle@bvz-hundetrainer.de
https://www.bvz-hundetrainer.de

Big Five-Persönlichkeitstest für Menschen:
https://www.psychomeda.de/online-tests/persoenlichkeitstest.html

DANKSAGUNG

Das erste Buch ist eine spannende Reise, eine persönliche Herausforderung, ein Herzensprojekt … und ein Lehrstück. Ein solches Projekt lebt von den Samen, die andere pflanzten: Forschende, Trainer-Kolleginnen und Kollegen und natürlich Hunde, jede Menge Hunde. Dazu zählen die unvergessenen Begleiter aus der Kindheit, die Hunde von Freunden, die eigenen sowie die Hunde meiner Kundinnen und Kunden. Ich möchte diesen erwähnten danken: Den Forschenden für die Inspiration und das wissenschaftliche Fundament, den Trainer-Kolleginnen und Kollegen für das Wissen und Erfahrung, die sie teilen. Und den Hunden – denn sie sind die eigentlichen Autoren. Und ganz besonders möchte ich meinem Keks und meinem Knöpfchen danken. Ein herzlicher Dank gilt meiner Familie, meinen lieben Freunden, dem Kosmos-Verlag und allen, die mir das Vertrauen geschenkt haben, mit ihren Hunden zu arbeiten.

Bei der Ansprache im Text sind alle drei Geschlechter gemeint. Wir nutzen die männliche und die weibliche Form nach dem Zufallsprinzip. Dafür wird das Buch leichter lesbar.

Register

BILDNACHWEIS

137 Farbfotos wurden von Anna Auerbach/Kosmos für dieses Buch aufgenommen. Weitere Farbfotos von Trio Bildarchiv (1: S. 45/ Nicole Schick), Adobe Stock (1: S. 38/ Tina Bauer).

IMPRESSUM

Umschlaggestaltung von Claudia Adam Graphik-Design unter Verwendung von 18 Farbfotos von Trio Bildarchiv/ Nicole Schick (Vorderseite) und Anna Auerbach/Kosmos. Das Foto zeigt einen Beagle.

Mit 155 Farbfotos.

Gedruckt auf chlorfrei gebleichtem Papier

ISBN 978-3-440-17830-0
Redaktion: Laura Mix
Gestaltungskonzept: GRAMISCI Editorialdesign/ Claudia Geffert, München
Gestaltung und Satz: Daniela Petrini Graphik-Design, A-Reutte
Produktion: Angela List
Druck und Bindung: Westermann Druck Zwickau GmbH, Zwickau
Printed in Germany / Imprimé en Allemagne

FSC
www.fsc.org
MIX
Papier | Fördert gute Waldnutzung
FSC® C110508

Vorstellung der Models

Was wäre eine Analyse der einzelnen Persönlichkeitstypen ohne die dazu passenden Hunde? Deshalb möchte ich hier nochmals alle Hundemodels persönlich vorstellen und mich bei ihnen und ihren Menschen bedanken. Diese Hunde stehen für die unterschiedlichsten Charaktere und machen die Vielfalt deutlich.

CARA VON CAMELOT
Altdeutscher Schäferhund
Impulsiv: extravertiert, wenig emotional stabil, wenig gewissenhaft

AMIE
Dackel
Kompliziert: extravertiert, wenig emotional stabil, gewissenhaft

DAYA
Boxer
Impulsiv: extravertiert, wenig emotional stabil, wenig gewissenhaft

FREDDY
Mischling
Brüter: introvertiert, wenig emotional stabil, gewissenhaft